直流换流站运检技能培训教材
换流站消防

国家电网有限公司设备管理部
国家电网有限公司直流技术中心　组编
国家电网有限公司消防技术中心

中国电力出版社
CHINA ELECTRIC POWER PRESS

图书在版编目（CIP）数据

换流站消防 / 国家电网有限公司设备管理部, 国家
电网有限公司直流技术中心, 国家电网有限公司消防技术
中心组编. -- 北京 ：中国电力出版社, 2025. 6 -- (直流
换流站运检技能培训教材). -- ISBN 978-7-5198-9365
-1

Ⅰ. TM63

中国国家版本馆 CIP 数据核字第 2024N2Z938 号

出版发行：中国电力出版社

地　　址：北京市东城区北京站西街 19 号（邮政编码 100005）

网　　址：http://www.cepp.sgcc.com.cn

责任编辑：雍志娟

责任校对：黄　蓓　张晨荻

装帧设计：郝晓燕

责任印制：石　雷

印　　刷：三河市万龙印装有限公司

版　　次：2025 年 6 月第一版

印　　次：2025 年 6 月北京第一次印刷

开　　本：710 毫米×1000 毫米　16 开本

印　　张：8.75

字　　数：139 千字

定　　价：90.00 元

编 委 会

前言
PREFACE

截至 2024 年 12 月，国家电网公司国内在运直流工程 35 项，其中特高压 16 项，常规直流 14 项（其中背靠背 4 项），柔直 5 项（其中背靠背 1 项），换流站 69 座。公司系统海外代维直流 3 项（美丽山 1 期、美丽山 2 期、默拉直流工程）。随着西部"沙戈荒"风电光伏基地和藏东南水电大规模开发外送，特高压直流将迎来新一轮大规模、高强度建设，预计到 2030 年将新建 26 回直流工程。其中到 2025 年将建成金上—湖北、陇东—山东等直流，开工库布齐—上海、乌兰布和—河北京津冀、腾格里—江西、巴丹吉林—四川、柴达木—广西等 5 回直流工程；到 2030 年，再新建雅鲁藏布江大拐弯送出、内蒙古、甘肃、陕西"沙戈荒"新能源基地送出共 17 回直流。直流输电规模快速增长和直流输电技术日益复杂，使部分省公司直流技术人员不足、新工程运检人员储备不足、直流专家型人才缺乏的问题日益凸显。

为加强直流换流站运检人员技能培训，国网直流技术中心受国网设备部委托，组织湖北、上海、江苏、甘肃、四川、湖南、安徽、冀北、山东公司和相关设备制造厂家专家，在收集、整理、分析大量技术资料的基础上，结合现场经验，经过多轮讨论、审查和修改，最终形成了《直流换流站运检技能培训教材》。整个系列教材包括换流站运维、换流变压器、开关类设备、直流控制保护及测量、换流阀及阀控、阀冷却系统、柔性直流输电、调相机以及换流站消防九个分册。编写力求贴合现场实际且服务于现场实际，突出实用性、创新性、指导性原则。

由于编写时间仓促，编写工作中难免有疏漏之处，竭诚欢迎广大读者批评指正。

编 者

2025 年 4 月

目 录
CONTENTS

第一篇

基础知识

第一章 火灾科学基础知识

第一节 火灾现象及其特点

一、火灾及其危害

火灾是火在时间和空间上失去控制而蔓延的一种灾害性燃烧现象，通常包括森林、建筑、油类等火灾及可燃气和粉尘爆炸。

火灾对国民经济和生态环境的危害严重。火灾代价包括火灾造成的直接经济损失、间接经济损失、人员伤亡损失、救火消防费用、保险管理费用以及投入的火灾防护工程费等。根据世界火灾统计中心以及欧洲共同体的研究结果，许多发达国家每年火灾直接损失占国民经济总产值的 2‰左右，而整个火灾代价约占国民经济总产值的 1%左右。火灾会对环境和生态系统造成不同程度的破坏。燃烧产生的大量烟雾和 CO_2、CO、碳氢化合物、氮氧化物等有害气体不仅对环境产生不良影响，而且影响地面光照质量和数量，从而影响农作物；高强度火灾影响土壤结构、破坏营养元素循环、减少土壤微生物，森林大火会烧死大量植物，使植被难以恢复进而失去自我调节能力，同时受伤林木生命力下降易发生病虫害而死亡，加速生态系统崩溃。此外，海面上的油轮火灾常伴有原油泄漏，影响海洋环境和生态。

在一般生产过程中，火灾常与爆炸灾害密切相关。对于换流站而言，火灾形式多样，首先是换流变压器火灾一般伴随爆炸发生，其次比较典型的电缆沟、电气柜等火灾则和常规火灾较为类似，只是应用场景和环境不同。需要说明的是，换流站属于大电网核心设施，一旦出现火灾事件，可能影响整个大电网的安全稳定运行，影响深远。只有充分认识火灾的基本现象及危害，掌握其发生、发展和蔓延规律，并采取切实可行的有效防护措施，方可实现降低火灾发生概率以及灾后损失的目的。

二、火灾的特点

火灾的特点与火灾发生的场所有密切关系。根据以往案例统计，换流站发生火灾风险较高的典型场景包括主控楼、换流变压器、电缆沟等，具体火灾特点如下。

（一）建筑火灾特点

在各类火灾中，以建筑火灾对人们的危害最严重、最直接。因为各种类型的建筑物是人们生产和生活的主要场所。我国建筑火灾一直较为严重，这与建筑结构形式、生产生活特点、地理位置、气候条件等诸多因素有关。换流站主控楼作为换流站内典型的建筑结构，运维人员在主控楼参与换流站运维工作，承担着全站设备的操作及控制。主控楼内电气设备复杂多样，如电缆夹层、电缆竖井、电子设备间、主控室等，其火灾特点包括：

（1）火灾隐患多，危险性大，有时烟头或线路事故即可引发火灾。

（2）竖井管道存在"烟囱效应"，烟气运动快，甚至可以在 1min 之内升到楼层顶部，烟气蔓延至整栋大楼。

（3）建筑高部由于风力作用，火势发展极为迅速。

（4）人员疏散、营救及灭火难度大，人员伤亡率高。

（二）换流变压器火灾特点

换流变压器火灾是换流站主要火灾类型之一，根据换流变故障位置不同，可以分为套管升高座火灾、油箱撕裂火灾；根据火灾展现形式不同，火灾可以分为喷射火、溢流火、流淌火等；根据火灾产生位置不同，可以分为器身外部火灾、器身内部火灾、换流变周边区域火灾等。根据分析，换流变火灾存在以下特点：

（1）爆炸性：换流变火灾一般伴随爆炸形式发生。

（2）快速性：换流变火灾发生后，会在极短时间内达到最大火灾规模。

（3）破坏性：换流变火灾发生后，会对器身电气结构、消防系统、降噪结构、阀厅封堵等产生破坏性影响。

（4）复杂性：换流变火灾发生后，火灾形式多样，包括喷射火、油池火、溢流火、流淌火等。

（三）电缆沟火灾特点

换流站电缆敷设规模较大，电缆沟基本覆盖全站各区域。电缆沟一般包括低压动力电缆、控制电缆和通信电缆（光缆）等，其火灾存在以下特点：

（1）由于电缆沟尚未实现全面状态监测，当单一电缆因故障发生火灾后，会率先影响同层电缆，其次是相邻间隔的同侧电缆，最后是同沟电缆。

（2）由于电缆沟涉及到多种电缆通路且基本为阻燃电缆，发生火灾后一般规模较小，但对全站甚至整个直流运行可能会造成较大影响。

（3）充油设备部的电缆沟易受到充油设备火灾的影响，发生电缆通道火灾和内部严重污染情形。

第二节　火灾分类及其危险性

一、火灾分类

根据《火灾分类》（GB/T 4968—2008），按可燃物的类型和燃烧特性将火灾定义为 A、B、C、D、E、F 六个不同的类别。

A 类火灾。指固体物质火灾。这种物质通常具有有机物性质，一般在燃烧时能产生灼热的余烬，如木材、干草、煤炭、棉、毛、麻、纸张等。

B 类火灾。液体或可熔化的固体物质火灾，如煤油、柴油、乙醇、石蜡、塑料等。

C 类火灾。气体火灾，如煤气、天然气、甲烷、乙烷、丙烷、氢气等。

D 类火灾。金属火灾，如钾、钠、镁、钛、锆、锂、铝镁合金等。

E 类火灾。带电火灾。物体带电燃烧的火灾。

F 类火灾。烹饪器具内的烹饪物火灾，如动植物油脂燃烧的火灾。

二、火灾危险性分类

按照《建筑设计防火规范》（GB 50016—2014），物品及生产过程的火灾危险性按其可燃性、氧化性和是否兼有毒性、放射性、腐蚀性、忌水性等危险性的大小，并充分考虑其所处的盛装条件、包装的可燃程度和量的多少，一般可分为甲、乙、丙、丁、戊五类。

（一）甲类

（1）闪点小于 28℃的液体。如己烷、戊烷、石脑油、环戊烷、二硫化碳、苯、甲苯、甲醇、乙醇、乙醚、汽油、丙酮、乙醛、酒精度 60 度及以上的白酒等易燃液体等。相应其生产过程：使用或产生闪点小于 28℃液体的生产。如该类油品和有机溶剂的提炼、回收或洗涤工段及其泵房，橡胶制品的涂胶和胶浆部位，二硫化碳的粗馏、精馏工段及其应用部位，青霉素提炼部位，胶片厂片基厂房，甲醇、乙醇、丙酮、苯等的合成或精制厂房，集成电路工厂的化学清洗间，植物油加工厂的浸出厂房等。

（2）爆炸下限小于 10%的气体。如乙炔、氢气、甲烷、乙烯、水煤气、硫化氢、液化石油气等易燃气体。相应其生产过程：使用或产生爆炸下限小于 10%气体的生产。如乙炔站，氢气站，石油气体分馏（或分离）厂房，氯乙烯厂房，乙烯聚合厂房，天然气、石油伴生气、矿井气、水煤气或焦炉煤气的净化厂房，压缩机室及鼓风机室，液化石油气灌瓶间，丁二烯及其聚合厂房，醋酸乙烯厂房等。

（3）常温下能自行分解或在空气中氧化即能导致迅速自燃或爆炸的物质。如硝化棉、火胶棉、赛璐珞棉、黄磷等易燃固体。相应其生产过程：使用或产生常温下能自行分解或在空气中氧化即能导致迅速自燃或爆炸的物质。如硝化棉及其应用部位、赛璐珞厂房、黄磷制备厂房及其应用部位等。

（4）常温下受到水或空气中水蒸气作用能产生爆炸下限小于 10%的气体并引起燃烧或爆炸的物质。如钾、钠、锂、钙等碱金属和碱土金属；氢化锂、四氢化锂铝、氢化钠等金属的氢化物；电石、碳化铝等固体物质。相应其生产过程：使用或产生常温下受到水或空气中水蒸气作用能生成爆炸下限小于 10%的气体并引起着火或爆炸物质的生产。如钾、钠的加工厂房及其应用部位，聚乙烯厂房的一氯二乙基铝部位，三氯化磷厂房等。

（5）遇酸、受热、撞击、摩擦以及遇有机物或硫黄等易燃的无机物，极易引起着火或爆炸的氧化剂。如氯酸钾、氯酸钠、过氧化钾、过氧化钠、硝酸铵等强氧化剂。相应其生产过程：使用或产生遇酸、受热、撞击、摩擦以及遇有机物或硫黄等易燃的无机物，极易引起着火或爆炸强氧化剂的生产。如氯酸钾、氯酸钠厂房及其应用部位，过氧化氢厂房，过氧化钠、过氧化钾厂房等。

（6）受撞击、摩擦或与氧化剂、有机物接触时能引起着火或爆炸的物质。

如赤磷、三硫化磷等易燃固体。相应其生产过程：使用或产生受撞击、摩擦或与氧化剂、有机物接触时能引起着火或爆炸物质的生产。如赤磷制备厂房及其应用部位，三硫化磷厂房及其应用部位等。

另外，使用或产生在密闭设备内操作温度等于或超过物质本身自燃点的生产过程也是危险的生产过程，如洗涤剂厂房的碏裂解部位，冰醋酸裂解厂房等。

（二）乙类

（1）闪点在 28～60℃的液体。如煤油、松节油、樟脑油、蚁酸等。相应其生产过程：使用或产生闪点在 28～60℃之间液体的生产。如松节油或松香蒸馏厂房及其应用部位，松节油精制部位、炼油灌桶间、樟脑油提取部位、甲酚厂房等。

（2）爆炸下限大于 10%的气体。如氨气、一氧化碳、发生炉煤气等。其生产过程：使用或产生爆炸下限大于 10%气体的生产。如氨气压缩机房、一氧化碳压缩机室及其净化部位，发生炉煤气或鼓风炉煤气的净化部位等。

（3）不属于甲类的氧化剂。如硝酸铜、亚硝酸钾、发烟硫酸、漂白粉等。相应其生产过程：使用或产生不属于甲类氧化剂的生产。如发烟硫酸或发烟硝酸浓缩部位，高锰酸钾厂房等。

（4）不属于甲类的化学易燃固体。如硫黄、镁粉、铝粉、萘、生松香等。相应其生产过程：使用或产生不属于甲类化学易燃固体的生产。如硫黄回收厂房、焦化厂精苯厂房等。

（5）氧化性气体。如氧气、氯气、氟气、压缩空气、氧化亚氮等。相应其生产过程：使用或产生氧化性气体的生产。如氧气站、空分厂房、液氯灌瓶间等。

（6）常温下与空气接触能缓慢氧化、积热不散能引起自燃的物品。如漆布、油布、油纸、油绸及其制品等自燃物品。相应其生产过程：使用或产生能与空气形成爆炸性混合物的浮游状态的粉尘、纤维，闪点大于 60℃液体雾滴的生产。如铝粉或镁粉厂房、金属制品抛光部位、煤粉厂房、面粉厂的研磨部位、活性炭制造及再生厂房等。

（三）丙类

（1）闪点大于 60℃的液体。如动物油、植物油、沥青、蜡、润滑油、机油、重油、闪点大于 60℃的柴油、酒精度在 50 度～60 度间的酒精等可燃性液体。相应其生产过程：使用或产生闪点大于 60℃液体的生产。如油浸变压器室、机器油或变压器油灌桶间、柴油灌桶间、润滑油再生部位、沥青加工厂房、植物油加工厂的精炼部位、焦化厂焦油厂房等。

（2）普通的可燃固体。相应其生产过程：使用或产生普通可燃固体的生产。如煤、焦炭的筛分、运转工段，木工厂房，竹、藤加工厂房，橡胶制品的压延、成型和硫化厂房，棉花加工和打包厂房，卷烟厂的切丝、卷制、包装厂房，印刷厂的印刷厂房等。

（四）丁类

主要指难燃物品，即在空气中受到火烧或高温作用时，难起火、难微燃、难炭化，当火源移走后燃烧或微燃立即停止。如自熄性塑料及其制品、酚醛泡沫塑料及其制品、水泥刨花板等。生产过程指具有下列情况的：

（1）对不燃物料进行加工，并在高热或熔化状态下经常产生强辐射热、火花或火焰的生产。如金属冶炼、锻造、铆焊、热轧、铸造厂房等。

（2）利用气体、液体、固体作为燃料，或将气体、液体燃烧作其他使用的各种生产。如锅炉房、玻璃原料熔化厂房、蒸汽机车库等。

（3）常温下使用或加工难燃物质的生产。如铝塑材料的加工厂房、酚醛泡沫塑料加工厂房等。

（五）戊类

指不燃物品，即在空气中受到火烧或高温作用时，不起火、不微燃、不炭化。如氮气、二氧化碳、氟利昂、氩气等惰性气体，水、钢材、玻璃及其制品，搪瓷制品、玻璃棉、石棉、石膏及无纸制品，水泥、石料等。

有 3 点需要说明：

（1）难燃、不燃物，如为可燃包装且包装质量超过物品本身质量的 1/4，则其火灾危险性应为丙类。

（2）遇水生热不燃物品，按《建筑设计防火规范》应归为戊类，但根据其存有引火的危险，实际操作中建议按丁类处理。

（3）生产过程指常温下使用或加工不燃物质。如制砖车间，电动车库，氟利昂厂房，仪表、器械或车辆装配车间，金属（镁合金除外）冷加工车间等。

第三节 火灾的形成、发展与蔓延

一、火灾的形成与发展

火灾的发生、发展和熄灭是一个随时间变化的复杂的物理化学过程，其中包含多种可燃物的燃烧、烟气的复杂流动及各种形式的传热、传质。火灾过程大体可分为初期增长、充分发展和减弱三个阶段。

（一）初期增长阶段

常见可燃物一般为固体。在某种点火源的作用下，固体可燃物的某个局部被引燃，着火区逐渐增大。若火灾发生在建筑物内，火灾的发展可能出现三种情况：

（1）初始可燃物全部烧完而未能延及其他可燃物，致使火灾自行熄灭。通常发生在初始可燃物不多且距离其他可燃物较远时。

（2）火灾增大到一定规模，但由于通风不足使燃烧强度受到限制，于是火灾以较小的规模持续燃烧。若通风条件相当差，则在燃烧一段时间后自行熄灭。

（3）如果可燃物充足且通风良好，火灾将迅速增大，乃至将其周围的可燃物引燃。起火房间内的温度也随之迅速上升。

（二）充分发展阶段

当起火房间温度达到一定值时，室内所有的可燃物都发生燃烧，这就是常说的轰燃现象。轰燃的出现标志着火灾充分发展阶段的开始，此后室内温度可升高到 1000℃以上。火焰和高温烟气常可从房间的门、窗窜出，致使火灾蔓延到其他区域，室内高温可使建筑构件的承载能力急剧下降甚至造成建筑物的坍塌。火灾充分发展阶段的持续时间取决于室内可燃物的性质、数量和建筑物的通风条件等。

（三）减弱阶段

随着可燃物的消耗，火灾的燃烧强度逐渐减弱最终到明火焰熄灭，但剩下的焦炭通常还将持续燃烧一段时间。同时，由于燃烧释放的热量不会很快散失，着火区内温度仍然很高。

火灾自然发展过程为上述三个阶段，现实中人们总会采取各种措施来控制或扑灭火灾，而不会任由其发展。不同的措施可以在火灾的不同阶段发挥作用，如火灾早期启动喷水灭火装置可以有效控制温度的升高，使得室内不能发生轰燃且较快被扑灭。

二、火灾过程的热传播

　　火灾的发生、发展是一个热能量传播的过程，热传播是影响火灾发展的决定性因素。热传播方式通常有热传导、热对流和热辐射三种。

（一）热传导

　　热量通过直接接触的物体，从温度较高部位传递到温度较低部位的过程。其本质是依靠物体内自由电子运动或分子原位振动，导致热量的传递。影响热传导的主要因素有温差、导热系数和导热物体的厚度与截面积。

　　导热性好的物质对灭火不利，因为热量通过它快速地传递到相邻的未燃烧区域，可能会引燃与其接触的物质，致使火场扩大。

（二）热对流

　　热量通过流动介质，由空间的一处传播到另一处的现象。热对流是影响初期火灾发展的最主要因素。

　　火场中通风孔洞越大，热对流的速度越快；通风孔洞所处的位置越高，热对流的速度越快；流动的热气流能够加热可燃物质甚至达到被引燃的程度，使火势扩大蔓延。

（三）热辐射

　　以辐射（电磁波）形式传递能量的现象。热辐射是火灾在发展阶段的主要热传播形式，是灾害燃烧过程中加热未燃可燃物输送热量的主要方式。

　　辐射引燃是灾害燃烧中的特有过程，是引发许多火灾的主要因素。比如白炽灯泡对附近物体长时间的辐射，会引起可燃物着火。在热源的辐射热作用下，物体表面温度不超过其自燃点的距离是不至于引起火灾蔓延的安全距离，因此正确确定防火间距是防止火势蔓延和减少火灾损失的重要措施。

三、火灾的蔓延

　　火灾发展过程，火区由起火点向其他可燃物的扩展可以靠直接延烧，也可以靠火焰的辐射引燃；火区由起火部位向其他可燃区域的蔓延可以通过可燃物连续延烧，但主要靠热辐射和热对流等方式而扩大。因此，预防火灾的扩大和蔓延，最重要的途径就是切断相关热传递的途径。

火区沿固体可燃物表面的蔓延是火灾扩大的主要形式。固体着火是一种立体燃烧，随着起火部位的不同，固体火灾可以是由上向下蔓延、由下向上蔓延或由中间向两边蔓延。由下向上蔓延的速度最快，因为燃烧产生的高温气流可流经未燃部分的表面，有利于未燃部分的热解、气化。

固体的厚度、周围的风速都对火区的扩大有重要影响。例如薄片固体单位质量不大，但表面积很大且热容较小，受热后升温很快，其质量燃烧速率几乎等于固体可燃物的热解速度；风速的增大可为燃烧区提供较多的氧气，但也加强了对流换热，可以助长火势，但当风速大到一定值却可以将火吹灭。固体可燃物的结焦效应也可影响火灾的扩大。焦壳一般都具有较强的隔热性，可使内层物质不受高温影响。

火区向起火房间外蔓延大多是在火灾发生轰燃之后出现。此时产生的烟气不仅具有较高的温度，而且含有相当多的可燃组分。在烟气流动过程中，可能将沿途的可燃物点燃从而造成火灾的扩大。

很多火灾过程中均发生过火焰从窗户窜出的现象，它通常与室内不完全燃烧有关，若可燃气体不能在室内完全燃烧，当它随高温烟气流到外界时就有可能继续燃烧。

第二章　换流站消防设施

第一节　典型消防设施介绍

换流站设备设施种类众多，大型充油变压器、调相机、密集动力电缆等设备设施使站内火灾风险和防控难度不断增大。公司高度重视换流站消防安全，依据火灾历史处置经验，结合理论实践和研发创新，为换流站配置了火灾自动报警系统、消防给水系统、固定灭火系统（水喷雾灭火系统、泡沫喷雾灭火系统、压缩空气泡沫消防灭火系统、气体灭火系统）、防火设施（防火墙、防火封堵、阀厅防火封堵、电缆防延燃措施、防火门窗等）、阀厅消防、移动式灭火装备、应急排油系统、消防自动化系统及其他消防设备设施，达到了防止火灾发生、保护重要设备、控制火灾蔓延和有效疏散人员的目的。

一、火灾自动报警系统

火灾自动报警系统是探测火灾早期特征、发出火灾报警信号，为人员疏散、防止火灾蔓延和启动自动灭火设备提供控制与指示的消防系统。一套完整的火灾自动报警系统主要由火灾报警主机（联动型）、火灾探测器、火灾警报装置和消防控制设备四大部分组成，如图 1-2-1 所示。

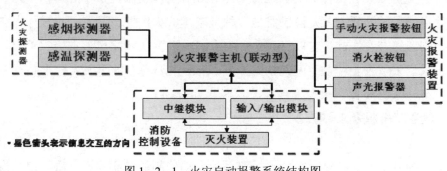

图 1-2-1　火灾自动报警系统结构图

（一）火灾报警主机（联动型）

火灾报警主机（联动型）是指在火灾自动报警系统中，用于接收、显示和传递火灾报警信号，并能发出控制信号和具有其他辅助功能的控制指示设备。担负着为火灾探测器提供稳定的工作电源，监视探测器及系统自身的工作状态，接受、转换、处理火灾探测器输出的报警信号，进行声光报警，指示报警的具体部位及时间，同时执行相应辅助控制等任务，是火灾自动报警系统中的核心组成部分。通常有壁挂式、柜式、琴台式等多种结构形式。

（二）火灾探测器

火灾探测器的工作实质是将火灾中出现的质量流（可燃气体、燃烧气体、烟颗粒、气溶胶）和能量流（火焰光、燃烧音）等物理现象的特征信号，利用传感元件进行响应，并将其转换为另一种易于处理的物理量。根据对火灾不同的信号特征响应，可将这些火灾探测器分为：气敏型、感温型、感烟型、感光型和感声型五大类型。根据保护面积和范围分为点型和线型两类。根据智能程度分为开关量，模拟量（类比式）和智能化探测器，如图1-2-2所示。

(a) 点型烟感　　(b) 吸气式烟雾探测器　　(c) 紫外探测器　　(d) 感温电缆

图1-2-2　典型火灾探测器

（三）火灾警报装置

火灾警报装置指在火灾自动报警系统中，用以发出区别于环境声、光的火灾警报信号的装置。火灾警报器是一种最基本的火灾警报装置，通常与火灾报警控制器组合在一起，它以声、光音响方式向报警区域发出火灾警报信号，以警示人们采取安全疏散、灭火救灾措施。换流站现场应用的火灾警报装置主要有：声光报警装置、水力警铃等。

（四）消防控制设备

火灾探测器探测到火灾信号后，通过消防控制设备启动自动灭火设备和消防联动控制器，是实现火灾自动报警系统自动控制的核心器件。消防控制设备能自动关闭报警区域内有关的空调，关闭管道上的防火阀，停止有关换风机，自动关闭有关部位的电动防火门、防火卷帘门，按顺序切断非消防用电源，接通事故照明及疏散标志灯，停运除消防电梯外的全部电梯，并通过控制中心的控制器，立即启动灭火系统，进行自动灭火。

二、消防给水系统

换流站消防给水系统由消防水池、消防水泵、消防稳压设备、消防水泵控制装置、水泵接合器、消火栓及消防管网7部分组成。

消防水池用于为固定或移动消防水泵提供水源，多设置于消防泵房地下或其他部位地下，水池液位下降至设定值时可控制电动阀自动补水。

消防水泵一般置于专用消防水泵房，用于将消防水从消防水池中吸出，向消火栓系统及自动喷水灭火系统提供消防水。

稳压设备一般由隔膜式气压罐、稳压泵（两台，一主一备）、管道附件及控制装置等组成，稳压设备用于使消火栓系统和自动喷水灭火系统始终处于要求的压力工况条件，一旦出流即能满足消防用水所需的水压和水量要求，见图1-2-3。

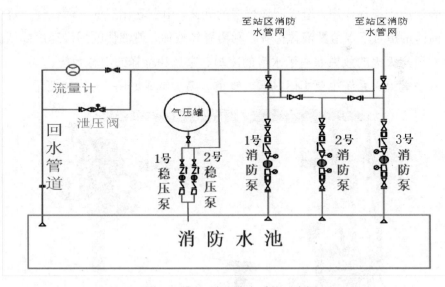

图1-2-3 消防给水系统示意图

换流站水泵房中，一般由水泵控制柜、稳压泵控制柜、双电源控制柜共同组成消防水泵控制装置，当消防控制柜接收到消防信号时，立即按指令启动或停止消防水泵，以此来实现自动启泵及停泵的目的。

水泵接合器是用于外部增援供水的设施，当消防水泵或消防给水系统不能正常供水时，由消防车连接水泵接合器向消防给水系统管道供水。

三、固定灭火系统

固定灭火系统主要有水喷雾灭火系统、泡沫喷雾灭火系统、压缩空气泡沫灭火系统（CAFS）、气体灭火系统等。

（一）水喷雾灭火系统

水喷雾的灭火机理，主要包括冷却、窒息、乳化、稀释四个方面。冷却是指相同体积的水以水雾滴形态喷出时，比直射流形态喷出时表面积大几百倍，当水雾滴喷射到燃烧表面时，吸收大量的热迅速气化，燃烧物质表面温度迅速降到物质热分解所需要的温度以下，使燃烧终止。窒息是指水雾滴受热后汽化形成原体积 1000 多倍的水蒸气，完全覆盖整个着火面的水蒸气，可使燃烧物周围空气中的氧含量降低，燃烧将会因缺氧而受抑或中断，实现窒息灭火。乳化只适用于不溶于水的可燃液体，当水雾滴喷射到正在燃烧的液体表面时，在液体表层产生搅拌作用，造成液体表层的乳化，由于乳化层的不燃性使燃烧中断。稀释是指对于水溶性液体火灾，利用稀释液体，使液体的燃烧速度降低而较易扑灭，灭火的效果取决于水雾的冷却、窒息和稀释的综合效应。

水喷雾灭火系统主要由雨林阀、管道、喷头组成如图 1-2-4 所示。

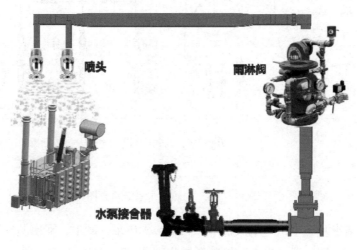

图 1-2-4　水喷雾系统结构图

雨淋阀主要由进水腔、控制腔、出水腔、控制水回路、报警水回路、排水回路构成，如图1-2-5所示。雨淋阀依靠隔膜封住供水腔压力水，控制腔的加压和泄压改变隔膜位置，从而开启或关闭雨淋报警阀。电磁阀动作或打开紧急启动球阀都可以启动报警阀。

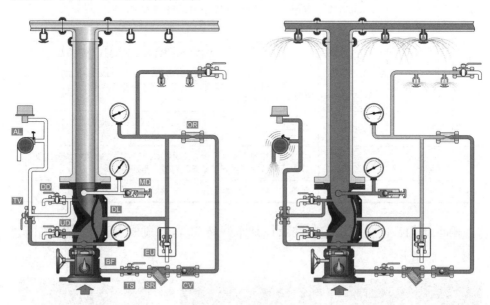

图1-2-5 雨淋阀配管图

BF—蝶阀；DL—雨淋阀；UD—上部排水阀；DD—下部排水阀；AL—水力警铃；EU—应急手动启动装置；

TS—调节阀；SR—"Y"型过滤器；CV—止回阀；OR—压力控制阀；

MD—手动自动排水阀；TV—报警测试阀

雨淋阀组各部件作用见表1-2-1：

表1-2-1 雨淋阀组各组件作用

序号	位置	名称	状态	作用
1	控制水回路	控制腔压力表	—	显示控制腔管路的压力
2		进水腔压力表	—	显示进水腔管路的压力
3		复位球阀	常闭	当控制腔泄压，雨淋阀开启后，封住控制腔进水通道，防止因控制腔增压雨淋阀复位断水。雨淋阀需关闭时，打开控制腔进水通道补压，使隔膜复位
4		电磁阀	常闭	消防主机联动控制开启雨淋阀
5		紧急启动阀	常闭	用于手动就地紧急启动
6		防复位器	—	雨淋阀启动时自动排水，使雨淋阀保持开启状态

序号	位置	名称	状态	作用
7	控制水回路	逆止阀	—	防止控制腔的水往进水阀回流
8	排水回路	自动滴水阀	—	自动排出渗漏到出水腔的水
9		上部排水阀	常闭	检修时关闭阀前控制阀门后排放余水
10	报警水回路	压力传感器	—	反馈信号至消防主机并联动主泵启动,金华站没有启用
11		水力警铃	—	水流通过水力警铃,推动叶轮带动转臂,使铃锤打击铃盖发出连续报警声响
12		警铃试验阀	常闭	用于不开启雨淋阀情况下试验报警回路中压力传感器、水力警铃等设备
13		警铃检修阀	常开	雨淋阀启动后水流通过该球阀至整个报警回路。当进行报警试验时,应将其关闭以免水流入系统管网
14	上蝶阀		常开	控制出水腔水流,关闭该蝶阀可以阻止水流喷洒到主变,关闭该阀门打开试验阀门可进行半回路试验
15	下蝶阀		常开	控制进水腔水流,关闭该蝶阀可对雨淋阀组进行检修

雨淋阀的启闭主要由控制腔及控制水回路实现,控制腔由弹簧、隔膜组成,如图1-2-6所示。

图1-2-6 控制腔解体图

雨淋阀稳压后,控制腔通过控制水回路(包括逆止阀、复位球阀、防复位器、管道)与进水腔连接,保持压力与主管网一致。在水压和弹簧的共同作用下,隔膜向右顶住管道,雨淋阀不会出水。

电磁阀开启或紧急启动阀打开向外排水,控制腔内的水压下降,不能单凭弹簧压力封住水流,隔膜被进水腔水压力顶开,水流进入出水腔。

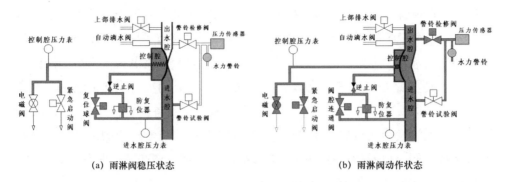

(a) 雨淋阀稳压状态　　　　　　　　(b) 雨淋阀动作状态

图 1-2-7　雨淋阀工作状态示意图

（二）泡沫喷雾灭火系统

泡沫喷雾灭火系统综合了水喷雾灭火和泡沫灭火的特点，借助水雾和泡沫的冷却、窒息、乳化、隔离等综合作用，实现迅速灭火。换流变泡沫喷雾系统主要组成及结构与水喷雾固定式灭火装置基本相同，两者区别主要在于水喷雾固定式灭火装置的灭火剂来源为水，而泡沫喷雾固定式灭火装置的灭火剂来源为泡沫罐中的泡沫液。泡沫喷雾灭火系统按照泡沫液混合方式，分为预混型和现混型两种。

图 1-2-8　泡沫喷雾灭火系统

（三）压缩空气泡沫灭火系统

压缩空气泡沫灭火系统（CAFS）将一定比例的压缩空气引入带压的泡沫混合液中，充分混合后形成粒度均匀、不易破碎的泡沫灭火覆盖毯，粘附于燃烧物表面并渗入燃烧物内部，起到隔氧降温的效果，实现对大型油类火灾的快速高效灭火。压缩空气泡沫灭火系统主要由压缩空气泡沫产生装置、压缩空气泡沫释放装置、控制装置、阀门和管道等组成。

现场布置方面，换流站一般设置两座 CAFS 设备间，分布设置在极 1、极

2 高端换流变周边，设备间里包括 CAFS 泡沫产生装置、配套电控柜、选择阀等设备。每个设备间各配置 1 套压缩空气泡沫产生装置，且 2 套压缩空气泡沫产生装置的流量、工作压力一致，其中一套负责 CAFS 喷淋灭火系统泡沫液输送，另一套负责 CAFS 消防炮灭火系统+CAFS 室外消火栓泡沫液输送，两套设备可实现固定喷淋灭火系统和消防炮灭火系统相互备勤和相互备用。在极 1、极 2 低端换流变周边设置了 1 个选择阀室，选择阀室包含对应阀组泡沫喷淋和泡沫炮选择阀，以及阀门控制柜、电源柜。联动柜、消防炮控制琴台、CAFS 监控后台、UPS 电源柜则设置在主控楼。

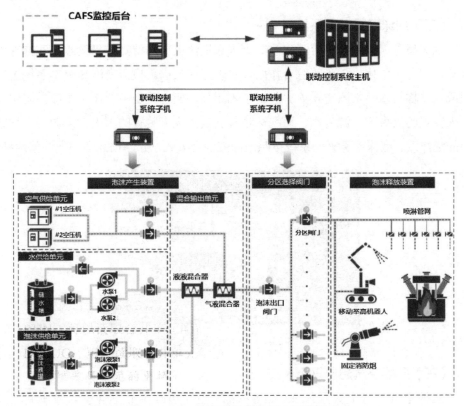

图 1-2-9 压缩空气泡沫灭火系统组成

灭火系统启动后，压力水和泡沫液通过泡沫比例混合系统按照一定比例进行混合，形成泡沫混合液，再通过气液混合装置向泡沫混合液中正压注入一定比例的压缩空气，形成一定发泡倍数的压缩空气泡沫，最后经泡沫管道充分混合后输送至末端释放装置进行喷放灭火。

图 1-2-10 压缩空气泡沫灭火系统末端释放装置

（四）气体灭火系统

气体灭火系统的灭火机理为窒息。灭火系统动作后，在规定时间内向防护区喷放设计规定用量的气体灭火剂，并使其均匀充满整个防护区，燃烧将会因缺氧而受抑或中断，实现窒息灭火。

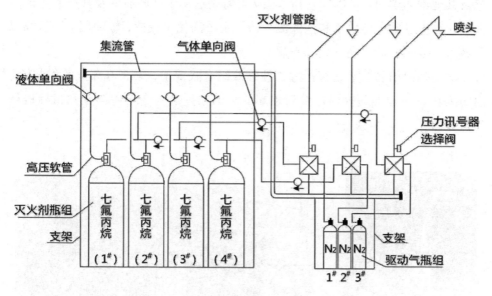

图 1-2-11 七氟丙烷气体灭火系统组成

气体系统由灭火剂储瓶组（含压力表、瓶头阀）、气动手动启动头、选择阀、单向阀、气控单向阀、集流管安全阀、低压泄压阀、减压装置、压力继电器、电磁先导阀、启动气瓶组（含气瓶、压力表）、喷嘴、瓶组架、管道系统及自动报警灭火控制系统等组成。

换流站内一般使用 IG541、七氟丙烷作为灭火剂。IG541 是一种混合气体 IG541 灭火剂由 52%氮、40%氩、8%二氧化碳三种气体组成，是一种无色、无味、无毒、不导电的气体，其在大气中存留的时间很短，是一种绿色环保型灭火剂。七氟丙烷是一种以化学灭火为主兼有物理灭火作用的洁净气体化学灭火剂，属于多氟代烷烃，分子式为 C_3HF_7；它无色、无味、低毒、不导电、不污染被保护对象，不会对财物和精密设施造成损坏。

四、移动式灭火装备

移动式灭火装备主要包括消防车、消防机器人。其中消防车主要用于驻站消防队乘用、搭载装备各类消防器材或灭火剂，供驻站消防员灭火、辅助灭火或消防救援。

泡沫消防车主要装备消防水泵、水罐、泡沫液罐、泡沫混合系统、泡沫枪、炮及其他消防器材，可以独立扑救火灾。特别适用于扑救石油及其产品等油类火灾，也可以向火场供水和泡沫混合液，是石油化工企业、输油码头、机场以及城市专业消防队必备的消防车辆。

举高喷射消防车装备有折叠、伸缩或组合式臂架、转台和灭火喷射装置。消防人员可在地面遥控操作臂架顶端的灭火喷射装置在空中向施救目标进行喷射扑救。

(a) 举高喷射消防车　　　　　　　　　(b) 泡沫消防车

图 1-2-12　换流站消防车

五、阀厅消防系统

阀厅消防系统由阀厅火灾报跳闸主机（接口屏）、极早期烟雾探测器、紫外火焰探测器。阀厅内配置适当数量的极早期烟雾探测器和紫外火焰探测器，阀厅空调进风口、出风口处各配置一台极早期烟雾探测器。极早期紫外烟雾探测器、紫外火焰探测器与火灾报警系统共用，每一路极早期烟雾探测器与紫外火焰探测器都有动作与故障两种信号，此两种信号经过信号扩展模块进行信号扩展。扩展后的信号分别送至火灾报警系统、阀厅火灾跳闸逻辑判别装置，实现相应告警及直流设备跳闸功能。直流设备运行期间，阀厅消防跳闸功能应正确投入，直流设备检修时，阀厅消防跳闸功能应正确退出。

六、典型防火设施

（一）防火墙

换流变防火墙是一种重要的防火措施，它能限制火灾扩散，防止火势蔓延，保障设备和人员的安全。防火墙的高度应高于变压器储油柜，防火墙的长度不应小于变压器的贮泊池两侧各 1.0m，防火墙与变压器散热器外廓距离不应小于 1.0m，防火墙应达到一级耐火等级。

（二）防火封堵

长度超过 100m 的电缆沟或电缆隧道，应采取防止电缆火灾蔓延的阻燃或分隔措施。在电缆竖井中，宜每间隔不大于 7m 采用耐火极限不低于 3.00h 的不燃烧体或防火封堵材料封堵。换流站中电力电缆与控制电缆或通讯电缆敷设在同一电缆沟或电缆隧道内时，宜采用防火隔板进行分隔。电缆从室外进入室内的入口处、电缆竖井的出入口处，建（构）筑物中电缆引至电气柜、盘或控制屏、台的开孔部位、电缆贯穿隔墙、楼板的孔洞应采用电缆防火封堵材料进行封堵，其防火封堵组件的耐火极限不应低于被贯穿物的耐火极限，且不低于 1.00h。

（三）阀厅防火封堵

换流变与阀厅之间是贴临布置，且换流变套管直接插入阀厅，换流变的火灾危险性非常高，是阀厅的重要火灾隐患源，也是换流站现有火灾案例的主要火灾来源，因此换流变套管进阀厅的防火封堵至关重要。换流变压器（油抗）阀侧套管封堵防火设计按《建筑设计防火规范》GB 50016—2018 标准火耐火极限 3.00h 考虑，通过在大封堵增加外挂式防火板，小封堵采用硫化硅橡胶耐火纤维复合套筒，拼缝部位增加防火膨胀胶、防火板、不锈钢压边条，包边收口采用防火封堵胶粘结，填充防火板与硅酸铝针刺毯能达到国标的要求。此外换流站还在挑檐部位增设双层复合防火板，将原有玻璃棉替换为耐火保温岩棉板，用以提升耐火性能，防范火灾从屋顶窜入阀厅。

（四）抗爆门

防爆门可利用钢板的变形吸收爆炸所产生的能量，以减小发生紧急情况时爆炸力对阀厅的冲击，防止火灾范围进一步扩大。抗爆门分为底部框架、龙骨、抗冲击板，用螺丝固定各部分组成，抗爆门材料所用材质为奥氏体 304 不锈钢。

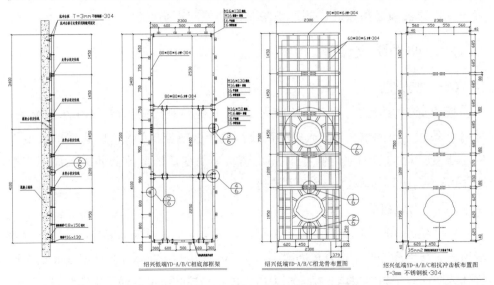

图 1-2-13 换流变抗爆门示意图

（五）电缆防延燃措施

换流变发生火灾时，若临近电缆沟盖板密封不严，存在油火蔓延进电缆沟造成事故范围扩大的风险。因此对靠近充油设备的电缆沟盖板采取防油火延燃措施，采用砂浆抹面、覆盖防火玻璃丝纤维布等措施进行密封，阻止油火、泡沫液进入电缆沟内部。

（六）防火门窗

控制楼内配电室、空调设备间、排烟机房开向走道的疏散门应采用钢质甲级防火门。综合楼内排烟机房、配电室等开向走道的门应采用甲级防火门。主控室（消防控制室）、控制保护设备室、蓄电池室、通信机房、站控辅助设备室开向走道的疏散门应采用钢质乙级防火门。封闭楼梯间采用乙级防火门。

（七）防火卷帘

防火卷帘门在一定时间内，连同框架能满足耐火稳定性和完整性要求的卷帘，由帘板、卷轴、电动机、导轨、支架、防护罩和控制机构等组成。防火卷帘主要用于需要进行防火分隔的墙体，特别是防火墙、防火隔墙上因生产、使用等需要开设较大开口而又无法设置防火门时的防火分隔。

七、应急排油系统

换流变事故应急排油系统装置主要由断流模块（新站）、排油模块、远方控制屏、动力电源箱及附属设备组成。事故应急排油开启后，打开排油阀，排油泄压，同时变压器储油柜下的断流阀动作，自动切断储油柜到变压器的补油油路，杜绝高位储油柜向着火油箱补充变压器油。变压器油无法燃烧，达到防火灭火的目的。

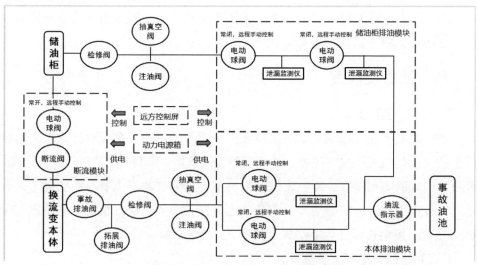

图1-2-14　应急排油系统示意图

断流模块是在火灾或其他发生时，接收远方操作系统的信号指令，关闭相应常开阀门，切断储油柜至本体间油路，阻断储油柜的变压器油继续流入变压器本体的设备。断流模块主要由断流阀、电动球阀、耐火壳体等组成。断流模块使用双层柜体保温结构，在柜体双层钣金之间填充保温耐火材料，确保火灾

23

发生时的极限高温工况下，电动阀能够正常工作，切断储油柜至本体间油路。

排油模块是系统将变压器油排出至事故油池的主要设备。主要实现火灾发生时，在高温情况下，接收远方操作系统的信号指令，开启相应常闭阀门，将储油柜及本体内的变压器油排出至事故油池。在变压器正常运行时，泄漏监测仪能够监测阀门是否存在泄漏。排油模块主要由电动球阀、耐火壳体、泄漏监测仪等组成。排油模块使用双层柜体保温结构，在柜体双层钣金之间填充保温耐火材料。确保火灾发生时的极限高温工况下，电动阀能够正常工作，完成储油柜及本体排油过程。

远方控制屏实现对断流模块及排油模块的控制及状态监视。远方控制屏主要功能为变压器排油系统启动和停止的控制，以及监测电源异常状态、阀门开关状态、管道泄漏状态等，并将系统状态上传至后台系统。远方控制屏主要由外壳、测控装置、触摸屏、排油阀门操作开关、继电器、端子等组成。

动力电源箱可放置于 400V 配电室内，电源分别从 400V 两段母线引接入箱内，电源箱具有双电源切换功能，实现换流变发生火灾时，亦能保证阀门的 AC220V 动力电源可以不间断供电。每台排油装置动力箱为每个阀组共计 6 台换流变排油系统提供动力电源。

八、器材及物资

（一）消防器材

消防器材是指用于灭火、防火以及火灾事故的器材。换流站常见的消防器材包括灭火器、正压式呼吸器、防烟面罩、消防铲、消防斧、消防沙、灭火毯、消防水带、消防水枪等。其中灭火器按类型可分为气体灭火器、水基泡沫灭火器、干粉灭火器等。按驱动灭火剂的动力来源可分为：储气瓶式、储压式、化学反应式。按型式可分为手提式、推车式、悬挂式。

（二）超细干粉灭火装置

超细干粉是指 90%粒径小于或等于 15μm 的固体粉末灭火剂。超细干粉灭火剂粒径小，流动性好，有良好抗复燃性、弥散性和电绝缘性。超细干粉从物理将被保护物与空气的隔绝，阻断氧气；从化学上，自动灭火装置释放出的超细干粉灭火剂粉末通过与燃烧物火焰接触，产生化学反应迅速夺取燃烧自由基与热量，从而切断燃烧链实现对火焰的扑灭，灭火剂与火焰反应产生的大量玻璃状物质吸附着在被保护物表面形成一层隔离层。因此既能应用于相对封闭空间全淹没灭火，也可用于开放场所局部保护灭火。换流站内一般在电缆沟、电缆竖井、换流变分接开关等位置安装有悬挂式超细干粉灭火装置。

非贮压式超细干粉灭火装置由钢制外壳、内装置气体发生器、干粉灭火剂组成。灭火装置的下部喷口用铝薄膜封闭，当灭火装置接到启动信号时，产气剂被激活，壳体内气体迅速膨胀，壳体内部压力增大，将下喷口铝膜冲破，干粉灭火剂向保护区快速喷射并迅速向四周弥漫，形成全淹没灭火状态。非贮压式超细干粉灭火装置启动方式为：通过探测器发现火灾由灭火控制器发出启动指令，既可以自动联动气动，发生火灾时也可以手动启动。

贮压式超细干粉灭火装置主要由贮粉罐、喷头、压力指示器、感温玻璃球、电引发器、吊环等组成。粉罐内充装 ABC 超细干粉灭火剂，由气体驱动。贮压式灭火装置有两种启动方式：① 当温度达到感温玻璃球爆破温度时，感温玻璃球爆破，灭火剂释放到保护空间进行灭火。② 探测器发现火灾或灭火控制器手动启动，输出信号启动电阻丝加热，有电阻丝加热使感温玻璃球破碎，灭火剂释放到保护空间进行灭火。

(a) 悬挂式干粉球   (b) 安装于电缆沟侧壁

图 1-2-15 超细干粉灭火装置

（三）泡沫灭火剂

泡沫灭火剂是可扑救可燃易燃液体的有效灭火剂，它主要是在液体表面生成凝聚的泡沫漂浮层，起窒息和冷却作用。泡沫灭火剂分为化学泡沫、空气泡沫、氟蛋白泡沫、水成膜泡沫和抗溶性泡沫等。换流站存在大量充油设备，主要使用水成膜泡沫灭火剂（简称 AFFF），主要由氟表面活性剂、发泡剂等配制而成，为淡黄色透明液体。通过泡沫罐（泡沫比例混合装置）按一定配比浓度与水混合后扑灭非极性或碳氢燃料的火灾。可与相容性干粉灭火剂联用，并且可与大多数的发泡型泡沫在灭火过程中一起应用。水成膜泡沫液在灭火过程中其泡沫层析出的水分能在燃料表面形成一层封闭性很好的水膜，起到隔离燃料与空气的接触，靠泡沫和保护膜双重作用，能迅速、高效率的扑救油类火灾。其特点为低能耗，只需要极小的搅动能量。产生的泡沫具有卓越的流动性，能快速压倒火焰扑救油火。

九、消防自动化系统

消防自动化系统由软件系统和硬件系统两部分组成。软件系统包括三维可视化系统、消防电子预案系统、智能巡检系统、风险管控系统、设备运维管理系统，硬件系统包括消防自动化主机、消防自动化工作站、信息采集装置、手持终端。系统集成站内原有火灾报警系统、水喷雾灭火系统、泡沫消防炮、事故排油系统等消防系统，实现火灾发生前的风险判别监测和火情预警；突发火情时，对火情快速定位事故点、辅助提供火情处理决策；火灾发生后，系统展示火灾实时数据，形成火情简报。

（一）软件部分

三维可视化系统通过三维画面形式，将风险点、巡检点、重点设备、消防设备、视频监控设备以及电子预案等数据及状态进行实时、动态呈现。消防电子预案系统具备预案编制、预案执行、预案演练功能，实现火灾时消防能力查询、部署标绘、辅助定位，日常辅助换流站运维人员开展消防演练。消防电子预案根据换流站现行消防应急预案进行编制。智能巡检系统可实现换流站消防巡检记录电子化。风险管控系统可实现风险识别、风险分析、风险评价、隐患排查治理等功能。设备运维管理系统可实现对相关重点设备运行状态进行实时监测、故障报警。

（二）硬件部分

消防自动化主机用于实现软件架构中的各项功能，包括基础平台、数据处理、数据管理、业务应用和人机等，采用高性能服务器，通过网口与交换机互联。消防监控工作站用于日常操作、报表浏览和系统维护。信息采集装置通过硬接线或规约通讯的方式，实现信息的补充采集。智能手持终端是一款进行数据采集、智能巡检、无线传输等功能为一体的工业 PDA。能够准确读取信息，进行数据采集和巡检，并将数据传输至后台服务器。

十、其他消防设施

（一）防排烟系统

换流站防烟系统分为自然通风系统和机械加压送风系统。自然通风系统即通过可开启外窗等自然通风设施，将空气引入，防止火灾烟气在楼梯间、室内等空间内积聚。机械加压送风系统由送风机、送风口、防火阀及送风管道等设施组成。工作时，防烟系统通过机械加压送风方式，向楼梯间、室内等空间送风，使楼梯间、前室等空间的压力增大，防止火灾烟气进入，利于人员疏散。

换流站排烟系统分为自然排烟系统和机械排烟系统。为确保排烟效果，设置排烟系统的面积较大的场所通常还需设置补风系统。自然排烟系统由具有排烟作用的可开启外窗或开口等自然排烟设施组成。自然排烟窗（口）设置在排烟区域的顶部或外墙，可通过自动、手动、温控释放等方式开启，其开启形式应有利于火灾烟气的排出。机械排烟系统由排烟风机、排风口、排烟防火阀及排烟管道等设施组成。当建筑的某部位着火时，排烟风机通过排烟管道（风道）、排烟口，排出燃烧产生的烟气和热量。

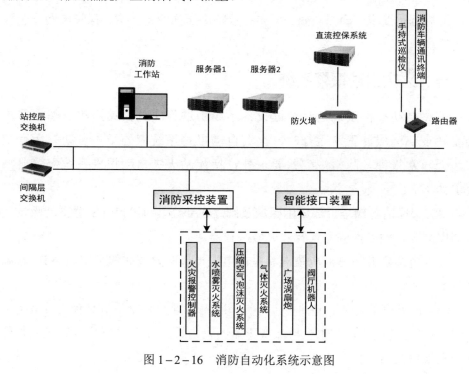

图 1-2-16　消防自动化系统示意图

（二）应急照明系统

换流站消防应急照明是指在发生火灾时，为人员疏散、逃生、消防作业提供指示或照明的各类灯具，能有效地指导人员疏散和消防人员的消防作业，是变电站中不可缺少的重要消防设施。

（三）事故油池

换流变事故油池是换流变压器的重要组成部分，其作用是防止换流变压器在事故时发生火灾或爆炸，同时还可以对事故变压器中的油进行隔离和处理，收集变压器内部产生的气体和油，保护主变压器周围的设备和人员安全，降低维修和更换成本。

第二节　消防标准化配置要求

为进一步规范换流站消防设施配置及标准化程度，通过深刻吸取相关处置经验，制定适用于换流站的消防设施标准化配置体系，具体对火灾自动报警、灭火、防火、驻站消防、应急排油、消防自动化等系统或设施的关键技术要点进行了规范化要求，确保高效、可靠扑救特高压换流站火灾，保障电网安全稳定运行。

一、火灾自动报警系统

火灾自动报警系统是对关键设备、场所进行实时火灾探测，基本覆盖换流站全部区域。正常运行时，火灾自动报警系统应处于"自动"运行状态，无异常报警。除常规配置要求外，换流站火灾自动报警系统配置典型要求如下。

（1）阀厅内各阀塔上部周围区域及阀厅主要送、回风口宜配置主动吸气式感烟探测器，阀厅内应配置紫外火焰探测器。

（2）电缆竖井、室内电缆沟和室内电缆桥架配置缆式线型定温 85° 感温探测器。

（3）换流变的本体、储油柜、阀侧和网侧套管升高座采用双套的线型定温 105° 感温电缆敷设，在每台换流变压器间隔内设置 3 套防爆型双波段红紫外复合火焰探测器。

（4）主变压器的本体、储油柜和升高座采用双套的线型定温105°感温电缆敷设。

（5）火灾报警系统与换流变固定灭火系统的联动控制逻辑如下：任何一台换流变设置3套火焰探测器和2套感温电缆。3套火焰探测器报警采用"或"逻辑作为1个报警出口，每套感温电缆的温度报警和故障信号采用"或"逻辑作为1个报警出口，火焰探测器的报警出口与两套感温电缆报警出口按照"三取二"的逻辑原则出口，且换流变进线断路器处于分位的情况下，系统自动启动固定式灭火系统，并将动作反馈信号传送至主机，具体如图1-2-17所示。

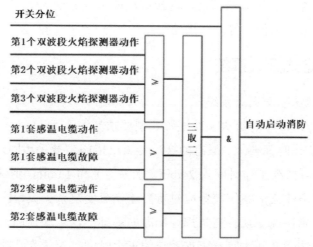

图1-2-17　换流变火灾自动报警系统与固定式灭火系统联动控制逻辑

二、消防给水系统

消防给水系统主要为消火栓系统、压缩空气泡沫灭火系统、水喷雾灭火系统、固定消防炮灭火系统、自动喷水灭火系统等提供消防用水。换流站消防给水系统配置典型要求如下：

（1）消防给水系统设计流量应按一次火灾需同时作用的各种水灭火系统最大设计流量之和确定。

（2）消防给水系统宜配置三台电动消防泵（两用一备），两台电动稳压泵（一用一备），一台气压罐。

（3）稳压泵的设计流量宜为消防给水系统设计流量的 1%～3%，稳压泵的工作压力应高于消防泵工作压力。稳压泵的启泵压力与停泵压力之差不应小于0.05MPa；系统压力控制装置所在处准工作状态时的压力与消防泵自动启泵的压力差宜为 0.07MPa～0.10MPa。稳压泵的设计压力应保持系统最不利点处水灭火设施在准工作状态时的静水压力应大于 0.15MPa。

（4）消防设施应统一实时控制和监测，消防泵及消防稳压泵电源失电监测、启停信号、消防水池液位、管路压力模拟量和泄压阀动作流量监测信号送至运行人员工作站（OWS）及消防自动化系统。消防系统应具备远方手动、就地手动和自动的启动方式。

（5）综合泵房、消防给水管沟内最低温度不宜低于 5℃。当低于 5℃时，应采取取暖保温、电伴热等防冻措施。

三、固定式灭火系统

（1）水/泡沫喷雾灭火系统

换流站水/泡沫喷雾灭火系统配置典型要求如下：

① 持续工作时间要求。原有的换流变灭火措施主要采用固定式水/泡沫喷雾灭火系统，可持续工作时间为 24min（水喷雾）和 15min（泡沫喷雾），按当时规范设计的泡沫灭火系统较难应对特高压换流变复杂火灾，不足以持续提供灭火措施。在确保满足现行消防规程标准的基础上，主动提高消防设计标准，延长换流变泡沫喷雾和水喷雾灭火系统的灭火时间。对于泡沫喷雾灭火系统，将灭火持续时间从现行规范要求的不少于 15min 提升至不少于 1h（预混系统改现混系统）；对于水喷雾灭火系统，将灭火持续时间从现行规范要求的不少于 24min 提升至不少于 1h，进一步提升了固定式灭火系统灭变压器高温油火的能力。水/泡沫喷雾灭火系统扩容后，全部换流站固定灭火系统均具有充足的使用裕度，高于国标、行标要求。

② 固定式灭火系统投自动。将固定式灭火系统与火灾自动报警系统联动，确保发生火灾时，固定式灭火系统可实现自动启动，有效避免人工启动方式延误灭火处置最佳时机。根据固定式灭火系统保护对象不同，联动启动逻辑略有差别。如换流变火灾，主要通过三取二逻辑联动启动；对于联络变，则主要通过二取二逻辑联动启动。

③ 固定式灭火系统喷头优化。套管升高座等处是变压器箱体撕裂的薄弱部位，以往案例表明，火灾一般从其薄弱部位发生，为进一步增加水/泡沫喷雾灭火系统对于大型充油设备的火灾防护能力，在变压器绝缘子升高座孔口、油枕等处额外设置喷头进行保护。

④ 系统可靠性提升。为增强原有消防系统在灭火处置时的可靠性，提出了两种典型措施，一是换流变区域消防喷头材质为不锈钢材质；二是对于换流变区域水喷雾灭火系统涂刷防火涂料，具体为变压器周围水喷雾管道、连接处、支架和喷头应采用耐火极限不小于 2h 的膨胀型防火涂料保护，厚度不应小于2mm。

（2）压缩空气泡沫灭火系统

为进一步提升在运换流站大型充油设备灭火能力，结合在运及新建工程实际，针对性提出了换流变固定式压缩空气泡沫灭火系统（CAFS）标准化配置方案，具体要求如下。

① 对于 2019 年以前的在运直流工程，在不改变换流站原有消防系统的前提下，配置 2 套 2400L/min 的压缩空气泡沫消防炮灭火系统，每个阀组挑檐部署 4 门消防炮，提高换流变火灾灭火处置效率，确保换流变火灾快速处置。

② 对于 2019 年后的新建直流工程，取消常规固定式水/泡沫喷雾灭火系统设置，配置 2 套 4000L/min 的压缩空气泡沫灭火系统，具体为 1 套压缩空气泡沫喷淋灭火系统和 1 套压缩空气泡沫消防炮灭火系统，每个阀组挑檐部署 7门消防炮，每台换流变两侧防火墙布置喷淋管。

③ 两套系统管网之间应设置连通管及切换阀，在单一主设备发生故障时可快速切换到另一套主设备进行灭火，具备互相支援功能。

④ CAFS 无设备故障时，在自动控制状态下，CAF 喷淋系统从启动至 CAF喷淋管喷射 CAF 的时间不应大于 2min，CAF 炮系统从启动至炮口喷射 CAF的时间不应大于 3min。

⑤ CAF 喷淋系统泡沫混合液供给强度不应小于 12L/（min·m²）；每门CAF 炮的泡沫混合液流量不应小于 24L/s；CAFS 泡沫混合液连续供给时间不应小于 60min，并且具有 50%的裕度及液位监测装置。

⑥ CAF 产生装置应采用整体备用或关键部件备用。备用部件包括但不限

于消防泵、泡沫泵、空压机及控制器，规格参数应与工作部件相同。整体备用时，备用装置规格参数应与工作装置一致。

⑦ CAF喷淋管保护范围包括换流变压器本体（含散热器）、储油柜、集油坑及绝缘套管升高座孔口，保护面积按换流变压器本体（含散热器）、集油坑的平面投影面积（重叠部分不重复计算）以及储油柜的平面投影面积之和考虑。喷淋管应贴近防火墙布置，宜采用不锈钢穿孔管。喷淋管应采用焊接或法兰连接，不应采用沟槽式连接。法兰垫片可采用金属缠绕石墨垫圈、不锈钢垫圈或同等材质。喷淋管支架宜采用后锚固方式固定，但不应采用化学螺栓。

⑧ 相邻换流变压器可共用一门CAF炮，保护每台换流变压器的CAF炮不应少于两门。CAF炮应具有防爆、防水、耐高温、耐火能力，CAFS炮控制和通讯应考虑耐火耐高温的防护措施，CAF炮体、电机、控制箱及相关连接电缆等宜通过干烧试验证明耐火保护措施或耐火性能满足现场（不低于650℃条件下）连续使用60min的要求。CAF炮应具有"一键指向预置位""一键巡检消防炮"功能，预置位包括但不限于分接开关、网侧套管升高座。

⑨ 为进一步提升消防系统应对复杂换流变火灾场景工况的适应性，站内配置2套移动式举高机器人，可快速接驳压缩空气泡沫灭火系统发生装置，增加火灾处置的灵活性，还可作为挑檐消防炮或者喷淋装置失效的后备补充措施。

图1-2-18 在运换流站压缩空气泡沫灭火系统配置

图 1-2-19　新建换流站压缩空气泡沫喷淋 + 消防炮灭火系统配置

图 1-2-20　移动式举高消防机器人配置

四、移动式灭火装备

大多数换流站地处偏远，送端站尤甚。一旦发生火灾，无专业人员和装备开展差异化灭火作业，会影响最佳灭火时机。每座换流站配置 2 辆或以上消防车，其中 1 辆消防车宜为举高喷射消防车。

图 1-2-21　换流站举高消防车配置

五、阀厅消防系统

换流站阀厅消防系统配置典型要求如下：

（1）阀厅内各阀塔上部周围区域及阀厅主要送、回风口宜配置主动吸气式感烟探测器，阀厅内应配置紫外火焰探测器。

（2）空调新风口处极早期烟雾探测器未检测到烟雾时，若阀厅内任意一个极早期烟雾探测器检测到烟雾报警且阀厅内任意一个紫外火焰探测器检测到弧光，出口跳闸；空调新风口处极早期烟雾探测器检测到烟雾时，则闭锁阀厅内极早期烟雾探测器出口回路，此时若有 2 个及以上紫外火焰探测器同时检测到火警，则跳闸出口。

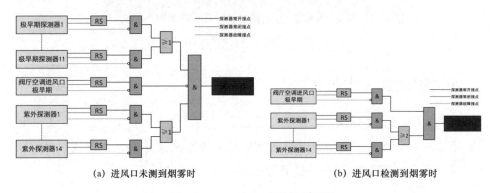

（a）进风口未测到烟雾时　　　　　（b）进风口检测到烟雾时

图 1-2-22　阀厅消防跳闸逻辑

六、典型防火设施

除常规封堵设施外，换流站典型防火设施包括阀厅封堵、电缆沟防火等，具体要求如下。

（1）阀厅封堵设施

抗爆能力提升。原有阀侧套管封堵部位结构强度较弱，存在被爆炸冲击突破的风险，威胁阀厅及临近换流变的运行安全。通过在换流变压器防火墙洞口前设置金属抗爆门，利用钢板的变形吸收爆炸所产生的能量，保护阀厅封堵的完整性。

耐火能力提升。阀厅封堵系统耐火性能加强。原有阀厅封堵受耐火性能不足，特别是大小封堵拼接部位为薄弱环节，换流变内部故障爆燃、火势不能迅速扑灭将危及阀厅及相邻换流变。通过全面优化和改进换流站阀厅封堵耐火设计标准，研究制定换流站"改进小封堵＋改进大封堵"的阀厅封堵系统，满足烃类火灾耐火 3h 要求，有力提升了换流变与阀厅之间的隔火耐火能力，大大降低换流变火灾向阀厅蔓延的风险。

（2）电缆沟防火设施

大型充油设备区电缆沟防火隔离措施。换流变火灾存在喷溅火、油池火及流淌火等多种火灾样式，高温热油火易通过电缆沟盖板缝隙流入电缆沟内，造成火灾事故扩大，威胁全站运行安全。通过充分吸收已有研究成果，为避免火灾事故时电缆沟失效，对换流站充油设备区附近电缆沟盖板采取砂浆抹面、覆盖防火玻璃丝纤维布等封闭强化措施，并在沟内增设防火隔离措施，提升防火性能。在主电缆沟道间隔 60m 设一道置防火隔墙。沟内设置感温电缆，防火隔墙两端电缆各刷涂防火涂料 1.5m，防火隔墙耐火极限不低于 1h。

图 1-2-23　阀侧封堵系统配置　　　图 1-2-24　电缆沟防火隔离措施配置

（3）可熔断降噪装置

可熔断BOX-IN降噪装置加装。换流变BOX-IN顶端钢格栅板对外部消防造成一定遮挡，使灭火介质不能直接喷射作用至换流变，对火灾扑救造成一定影响。通过使用热熔支撑结构与金属隔声板相结合的BOX-IN结构，提出了"金属吸隔声板+热熔支撑构件"和"可熔断降噪板+热熔支撑构件+防坠网"的典型方案，满足隔音降噪功能的同时，也可在火灾或者爆炸发生时，顶端热熔板受热脱落，有利于外部消防力量可直接介入，开展灭火处置。

（4）鹅卵石层架空隔火

鹅卵石架空隔火设置。当鹅卵石在油坑底面敷设时，换流变发生火灾后，变压器油及大量的灭火介质难以及时排出，导致变压器油及大量水/泡沫发生溢出，严重时可能存在火灾蔓延风险，不利于灭火救援力量在换流变广场开展灭火处置工作。为进一步提升换流变火灾时变压器油及灭火介质的及时排出能力，对换流变区域鹅卵石采用架空设置，采用双层格栅，鹅卵石厚度不低于250mm，鹅卵石直径为50～80mm。

图1-2-25 可熔断BOX—IN降噪盖板

七、应急排油系统

为避免变压器（换流变）发生爆燃后事故扩大，对变压器（换流变）加装应急排油装置，紧急状态下将变压器（换流变）绝缘油排出至事故油池，具体要求如下。

（1）本体排油模块应采用双电动球阀并列结构，且单独一个电动阀打开时即可满足排油时间的要求。

（2）变压器（换流变）应急排油装置应采用重力排油方式，应能在90min内将本体油箱变压器油排至事故放油阀门以下。

（3）油流指示器应安装在排油模块出油口之后的管路上，用于向远方控制屏传送排油管道内油流状态，提供排油启动和排空两个开关量信号。

（4）变压器（换流变）应急排油装置整体耐火时间不应小于90min，不应影响电动球阀可靠动作。

图1-2-26 换流变应急排油系统配置

八、消防器材及物资

（1）消防用水

换流变内部故障爆炸起火具有发展速度快、事故火势大、燃烧时间长、不易扑灭、容易复燃等特点，根据多起换流变事故处置经验，综合考虑不同灭火设施投入以及不同处置阶段（灭火处置阶段和冷却阶段）用水需求，通过消防水池扩容，工业水池与消防水池连通、增加泵房从河道取水等多种改造手段，将换流站消防用水量扩展至4000m³以上，同时换流站应具备96h内补充消防用水的能力。

（2）泡沫原液

进一步考虑固定式喷淋系统、消防炮系统以及消防车等消防设施在灭火处置阶段投入灭火所需的泡沫原液需求，换流站泡沫原液储备量应在30t以上。

图1-2-27 消防水池扩容

（3）其他器材及物资

① 站内存储足量消防沙及消防沙袋，提升换流变广场区域防火、隔火应急处置能力，紧急时采取设置围堰、堆注消防沙等措施，防止火灾向广场和电缆沟等区域蔓延。

② 换流站统一增配一批火灾应急处置单兵特种装备和作战工具（如：无人机、水袋接驳器、高温焊枪、切割机、防火服、正压式呼吸机、高强度挂钩和铰链等）。各站因地制宜配备完善站外至站内、站内水池之间的供水、补水装备。

③ 特高压站配置2套流量不低于5L/s且举高不低于2m的伸缩硬管压缩空气泡沫喷射枪（用于油箱顶部完整但侧面撕裂情况下的后备措施）。

九、消防自动化系统

为提升换流站多消防系统集中管理能力，站内设置消防自动化系统，通过对站内各消防相关子系统信息采集、分析、告警、可视化展示、风险防控等方式，实现对消防相关设备的运行状态的实时监视、消防告警时的策略化联动控制等，具体要求如下。

（1）消防自动化系统采集范围有消防给水系统、固定灭火系统的重要消防系统，采集信息包括但不限于：系统状态信息、告警信息、水池和泡沫罐的液位信息；主要采集压缩空气泡沫灭火系统的重要信息（如有），并将信息上送消防自动化后台；采集全站消防水泵、消防稳压泵的重要信息，通过光纤通信将信息上送主控楼消防自动化后台；水喷雾系统雨淋阀组的重要信息可以通过火灾报警系统通信上送消防自动化后台；现场如有其他消防设备，需要硬接点上传信号或者通过通信上传信号，可以就近在二次设备室或者继电器室布置采集柜。

（2）火灾报警系统、换流变排油系统和压缩空气泡沫灭火系统灭火系统通过 IEC61850 协议或 Modbus 协议，以网线或屏蔽双绞线的形式将各自的报警信息和状态信息传输给消防自动化系统。

（3）消防水系统以通讯或者硬接点信号形式将设备状态信号和告警信号上送到消防自动化系统。

（4）换流变进线开关位置信号可以通过开关本体硬接点信号或者经由直流控保系统通讯上送至消防自动化系统。

（5）消防自动化系统与火灾报警主机、信息采集控制单元建立通讯，采集以下信息：火灾探测设备的运行状态监视与报警；火灾报警主机运行状态监视与报警；换流站内灾情信息采集与报警；报警点位置显示。

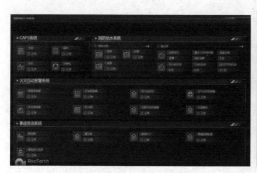

图 1-2-28 消防自动化系统配置

第二篇

运检技能

第一章 典型消防设备设施操作

第一节 火灾自动报警系统

一、火灾报警主机

下面以某型号消防控制主机为例，介绍控制盘操作释义。

液晶显示屏每行有 20 个中文字符，共 8 行，可以显示所有的编程、事件、历史记录、器件等信息。用键盘可以输入或者改变信息，还可以执行命令。

键盘由几种类型的键组成：数字字符键、特殊功能键、软键、固定功能键。

注：按键功能描述写在键的下边。本地控制选项被关闭时，控制器上的信号消音、系统复位和演习等固定功能键或者信号消音、系统复位和确认软键都不能本地操作。如果需要实现这些功能，必须通过一个远程编程设备来完成。

键盘的数字字符键部分是标准 QWERTY 格式，当系统需要输入时，这些键起作用，其他情况下，按这些键不产生任何输入。

在显示屏的左右两边共有 10 个软按键，这些按键可以执行显示在屏幕上的命令。每一屏幕有不同的信息，这些键的功能与屏幕上的显示内容对应。在本手册中，每一显示屏幕下面，有各软键的功能描述。

在键盘/显示屏右边的 9 个红色按键是固定功能键，其功能如下：

【确认】：确认系统中发生的新事件。

【消音】：按下这个键，可以关掉所有的可消音控制模块。当禁止消音定时启动时，或者当一个水流指示类型的设备启动火警时，信号消音键不起作用。

【复位】：按下这个键，可以清除所有被锁定的火警和其他一些事件，同时关掉 LED 灯。系统复位之后，如果火警或非正常事件存在，将再次启动系统音响，LED 灯重新点亮。未确认事件不能阻止复位。禁止消音定时器正在运行时，系统复位键将不起作用。系统复位键不能立即对动作的输出设备消音。如果系统复位后，输出设备的事件控制编程条件不适合了，这些输出将会取消（本地控制器典型为 30s，网络机为 60s）。

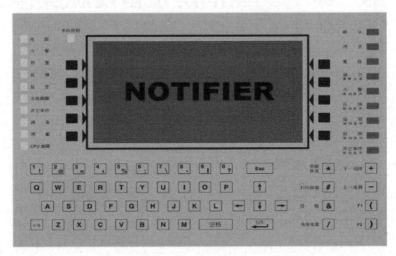

图 2-1-1　消防控制盘面板示意图

【演习】：按下这个键并持续 2s 后，激活所有的可消音输出线路。

【火警】：滚动显示火警事件。

【反馈】：滚动显示反馈事件。

【监管】：滚动显示监管事件。

【故障】：滚动显示故障事件。

【其他事件】：滚动显示其他事件。

QWERTY 标准键盘的右边是特殊功能键，其功能如下：

【箭头】：按下这些箭头键，可以移动显示屏上的编程区域光标。

【回车】：按下此键，可以移动显示屏上的编程区域光标使其换行。

【Esc】：按下此键，可以退出当前区域，并且不保存输入。连续按两次可以取消在显示屏上的任何改变，并返回上级菜单。

【空格】：在编辑状态下输入一个空格。

【屏蔽恢复】：为扩展用，现在没有功能。

【打印屏幕】：按下此键，打印显示屏上所显示的内容。

【灯检】：按下此键，测试位于键盘区左边的 LED 状态指示灯、控制器电路 LED

灯，持续按下此键的时间超过 5s，在显示屏上将显示软硬件的版本号。

【电池电量】：长按该键可显示电池电量。

【上一选择】：用此键可以在显示屏上的数据区域列表内进行滚动选择。

【下一选择】：用此键可以在显示屏上的数据区域列表内进行滚动选择。

【F1】：作为功能扩展，可自定义其功能。

火灾报警主机控制面板 LED 指示灯反映系统的各类状态，其功能定义如表 2-1-1：

表 2-1-1　　　　　　　　　控制盘面板 LED 指示灯颜色及功能

LED 指示灯	颜色	功能说明
电源	绿色	点亮表明交流电源供电正常
火警	红色	当至少有一个火警存在时灯亮，如果其中有一些火警未确认，它将不停地闪烁
预警	红色	当至少有一个预警存在时灯亮，如果其中有一些预警未确认，它将不停地闪烁
反馈	蓝色	当至少有一个反馈报警存在时灯亮，如果其中有一些反馈报警未确认，它将不停地闪烁
监视	黄色	当至少有一个监管事件存在时灯亮，如果其中有一些监管事件未确认，它将不停地闪烁
系统故障	黄色	当至少有一个故障存在时灯亮，如果其中有一些故障未确认，它将不停地闪烁
其他事件	黄色	除以上列出事件以外，还有事件存在时，如果事件未确认，它将不停地闪烁
信号消音	黄色	如果告警设备已经消音了，灯亮。如果仅一些，并非所有的告警器消音，灯将不停地闪烁
点屏蔽	黄色	当至少有一个设备被屏蔽时灯亮，它一直闪烁着，直到所有的屏蔽点被确认
CPU 故障	黄色	当硬件或者软件工作状态非正常，影响到系统时灯亮。当 LED 灯亮或者闪烁时，控制器不能正常工作

当拨动全站消防报警联动人工确认方式按钮后，绿灯亮，火灾报警系统联动启动，拨动人工未确认联动，绿灯亮，联动功能取消。全站消防报警联动人工确认方式如图 2-1-2 所示。

二、多线盘操作

多线盘用于当某个部位发生火灾需要手动紧急启动该部位灭火措施，其操作步骤如下：

（1）先将左边闭锁钥匙拨至允许挡；

图 2-1-2　全站消防报警
联动人工确认方式

（2）按标签找到相应部位按钮按下该按钮；

（3）确认火被扑灭后再次按下此按钮停止灭火措施的运行，并将钥匙拨至禁止挡。

多线盘操作启动常见异常检查处理步骤：

（1）检查多线盘电源指示灯是否正常，有无其他异常报警，若有异常报警及时联系检修人员处置；

（2）检查多线盘解锁钥匙是否在"允许"位；

（3）检查对应消防设施工作状态是否正常。

下面以启动 500kV 站用变水喷雾灭火系统为例介绍操作步骤：

当确定某台站用变发生火灾后，第一时间申请停运并上报，若水喷雾灭火系统未能自动启动，可在消防控制盘上手动启动。如图 2－1－3 所示，将钥匙打至垂直地面时，当拨动相应 500kV 站用变的雨淋阀启动按钮后，相应设备启动进行喷水。

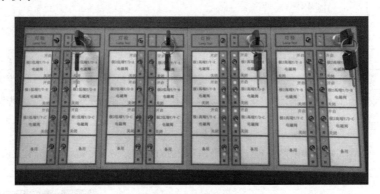

图 2－1－3　雨淋阀启动按钮

换流站内消防设备众多，相关信息繁杂。一般将火灾报警主机、火灾探测器等设备信息集中到消防工作站中统一监盘。消防工作站菜单栏含查询、管理、配置、编辑、测试、帮助六个主菜单，在查询菜单栏可查询当前火警、联动、故障、监管、屏蔽及其他信息。若消防监测设备出现告警，消防工作站会自动弹出告警房间布置图及告警设备相对位置，运维人员可根据以上信息高效快速的定位告警设备位置。管理菜单栏可查询设备列表、历史记录、值班记录、操作记录等信息。

三、消防监测设备操作

（一）极早期烟雾探测器报警复位

当极早期烟雾探测器火灾报警时，可通过 OWS 后台/消防主机/消防工作站确定报警设备位置，现场确认为误报火警后，找到对应极早期烟雾探测器主机（报警主机预警、火警Ⅰ、火警Ⅱ指示灯均为红色）长按复位按钮，待预警、火警Ⅰ、火警Ⅱ指示灯均熄灭后，代表主机复位成功，再登录消防主机复位，完成操作。

图 2-1-4　极早期烟雾探测器主机复位

（二）火焰（紫外）探测器报警复位

当紫外火焰探测器火灾报警时，现场确认为误报火警后，若安装有断电复位模块，则点击右键，启动对应紫外火焰探测器断电复位模块，后关闭，再复位消防主机。若未安装断电复位模块，则需要解开紫外火焰探测器电源端子。

（三）红外对射探测器报警复位

当红外对射探测器火灾报警时，现场确认为误报火警后，若红外对射与火灾报警系统同厂家，通过登录消防主机点击复位按钮即可完成复位，若不同厂家，需现场进行断电或到本体上进行复位。

（四）感温电缆报警复位

当感温电缆火灾报警，现场确认为误报火警后，需到感温电缆模块箱（设置在换流变防火墙上）点击感温电缆复位按钮，之后登录消防主机，按下消防主机复位按钮，即可完成复位。

（五）图像探测器复位

当图像探测器火灾报警时，消防琴台显示屏会弹出告警设备信息，现场确认为误报火警后，可鼠标点击显示屏右上方复位按钮复位。

（六）光电感烟探测器复位

当光电感烟探测器火灾报警时，现场确认为误报火警后，通过登录消防主机点击复位按钮即可完成复位。

（七）模块/探测器隔离

当消防模块或火灾探测器故障后，复位无效且无法立即消除时，可进行隔离。右击对应的模块或探测器，右键选择"隔离点"，操作完成后检查是否隔离成功。

（八）模块/探测器隔离解除

当消防模块或火灾探测器故障消除后，可对隔离的设备恢复。右击需要解除隔离的设备，选择"恢复点"解除隔离，操作完成后检查是否隔离成功。

（九）单点启动消防设备

部分消防设备可通过火灾报警系统控制模块进行启动，如消防泵、雨淋阀、排烟风机等。选择对用控制模块，右击 "启动"。检查对应消防设备运行信号跟踪正常。

第二节 消 防 给 水 系 统

一、消防水池操作

（一）消防水池与工业水池联通启停（遥控/就地）操作

（1）手动控制操作步骤：

① 合上控制柜所有空开和保险开关；

② 通过控制面板将手动就地转换把手选择手动；

③ 通过控制面板1号泵启、停按钮启停1号补水泵；

④ 通过控制面板2号泵启、停按钮启停2号补水泵。

（2）自动控制操作步骤：

① 合上控制柜所有空开和保险开关；

② 通过控制面板将手动就地转换把手选择自动。

（3）远程控制操作步骤：

① 合上控制柜所有空开和保险开关；

② 通过控制面板将手动就地转换把手选择远程。

（二）消防水池联通闸阀操作

消防水池隔离闸阀开闭操作步骤：

开闭流程：用手转动阀门手柄，顺时针转

图2-1-5　消防水池操作面板

"50 转"，阀门关闭；逆时针转"50 转"，阀门开启。隔离闸阀平时状态为"常开"。

二、消防泵房设施操作

（一）稳压泵操作

（1）手自动切换：

手/自动切换旋钮拨向"自动"稳压泵根据管网压力自动启停。手/自动切换旋钮拨向"手动"稳压泵处于手动运行状态。手/自动切换旋钮拨向"停止"稳压泵处于停止状态。

（2）手动启停：

① 将手自动切换旋钮拨向"手动"；

② 将Ⅰ泵（Ⅱ泵）手动启停开关拨至"开"位，Ⅰ泵（Ⅱ泵）手动启动；

③ 将Ⅰ泵（Ⅱ泵）手动启停开关拨至"关"位，Ⅰ泵（Ⅱ泵）手动停止。

（3）故障复位：

若稳压泵出现故障报警，可打开稳压泵控制柜柜门，点击 RESET 复位按钮即可复位。

（4）检修隔离：

将稳压泵控制柜手自动切换旋钮切至"手动"，顺时针关闭需要隔离的稳压泵进出水手动闸阀。

图2－1－6 稳压泵控制柜操作面板

（二）电动消防泵操作

（1）手自动切换：

当手/自动切换开关切至Ⅰ主Ⅱ备位置时，两台电动消防泵处于自动运行状态。当手/自动切换开关切至手动位置时，两台电动消防泵处于手动控制状态。

（2）手动启停：

① 将手自动切换开关切至"手动"。

② 顺时针转动Ⅰ泵（Ⅱ泵）手动启动钥匙，启动Ⅰ（Ⅱ）电动消防泵。

③ 顺时针转动Ⅰ泵（Ⅱ泵）手动停止钥匙，停止Ⅰ（Ⅱ）电动消防泵。

图2－1－7 电动消防泵控制柜操作面板

（3）故障复位：

若电动泵出现故障报警，可顺时针转动"复位"钥匙，复位电动消防泵。

（4）检修隔离：

将电动泵控制柜手自动切换开关切至"手动"，顺时针关闭需要隔离的电动泵进出水手动闸阀。

第三节　固定式灭火系统

一、水喷雾灭火系统

部分换流站换流变、调相机升压变、调相机润滑油系统等大型充油设备安装有水喷雾灭火系统。

（一）雨淋阀启动

自动启动：自动运行状态下，设备断电后，若满足自动启动逻辑，雨淋阀组将自动启动。

现场紧急启动：当自动控制失效或紧急情况下需要人工打开雨淋阀，打开方法如下：拉下紧急启动盒盒盖，打开盒内的紧急开关，就能听到"嘭"的一声阀门打开声，雨淋阀动作向变压器侧管道通水灭火，同时水力警铃发出报警响声。

（二）雨淋阀复位

换流变雨淋阀复位主要操作步骤如下：

（1）关闭复位调试阀；

（2）关闭下信号蝶阀；

（3）开启排水阀；

（4）待腔内余水排尽后关闭排水阀；

（5）关闭紧急开关/电磁阀；

（6）用复位扳手转动复归旋钮复归阀板；

（7）打开复位调试阀；

（8）开启下信号蝶阀。

1. 关闭复位调试阀　　2. 关闭下信号蝶阀　　3. 开启排水阀　　4. 关闭排水阀

5. 关闭紧急开关/电磁阀　　6. 复归阀板　　7. 打开复位调试阀　　8. 开启下信号蝶阀

图 2-1-8　雨淋阀组复位流程

此时水力警铃不应报警及有水流出,如此时水力警铃有水流出或报警,证明雨淋阀未能复位成功,应重新重复以上步骤调试复位,若多次复位均为成功,则需打开雨淋阀检查阀内是否有固体物。

(三)雨淋阀组未正常启动处置

雨淋阀组自动启动/多线盘远程启动失败后,运检人员应在确保安全的前提下立即赶赴对应雨淋阀组就地紧急启动雨淋阀组。

就地紧急启动雨淋阀组失败后,运检人员应检查上信号蝶阀、下信号蝶阀是否均已正确开启;检查消防管网压力是否在正常范围,若未在正常范围内,需启动消防泵为消防管网打压。

二、泡沫喷雾灭火系统

早期建设的换流站中,换流变、站用变等充油设备采用了泡沫喷雾灭火系统。依据泡沫液形式可分为预混式和现混式,系统的启动方式有三种,分为自动启动、远程手动启动和就地手动启动。

泡沫喷雾灭火系统自动启动应同时满足以下 2 个条件:

(1)有 2 个及以上独立的火灾探测器同时发信号,或者一只火灾探测器与一只手动火灾报警按钮的报警信号。

(2)变压器断路器跳闸。

被保护设备发生火灾时,泡沫喷雾灭火系统应自动启动,若未能自动启动,应在消防控制室或集控中心远程启动，操作方式如下：

① 在确认发生火灾的情况下，在自动化机房火灾报警主机屏上将主机状态由自动方式切至手动方式，然后点击主机面板上的任意一个联动键（如主控楼二层风机等键）；

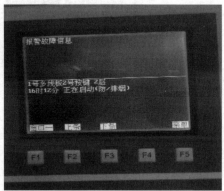

图 2-1-9　泡沫喷雾灭火系统远程手动启动步骤 1

② 在根据火灾发生的设备，在面板上用数字键输入对应的点号，并按确认键，会显示出对应点号的名称，应再次核对无误；

图 2-1-10　泡沫喷雾灭火系统远程手动启动步骤 2

③ 按面板上的启动键，就会将对应的电磁阀门或氮气阀门打开；

④ 灭火完毕后，按装置上的复位键。

若远程无法启动泡沫喷雾灭火系统，可就地手动启动。操作方法如下：

（1）确定泡沫喷雾系统启动小瓶，拔掉启动源电磁阀的保险卡环；

（2）按下启动源电磁阀上的按钮；

图 2-1-11　泡沫喷雾灭火系统远程手动启动步骤 3

（3）观察泡沫罐压力到达 0.6MPa（实际需要参考产品说明书），使用专用扳手逆时针打开相应的主变分区出口（有火灾的故障相）电磁阀；

（4）灭火完毕后，关闭分区出口电磁阀必须面板上（后台系统）按下"复位"按钮，再去泡沫消防小间手动关闭该电磁阀。

1. 拉开保险环　　　2. 按下启动按钮　　　3. 压力达到后，手动打开电磁阀

图 2-1-12　泡沫喷雾灭火系统就地手动操作示意图

三、泡沫消防间设施操作

（一）泡沫消防泵操作

（1）远程启停

① 将远方就地转换开关切换至远方挡位；

② 当管道压力低于启泵压力值时，1 号泵启动，处于超低压力值时 2 泵启动，也可通过琴台远程启动；

③ 在琴台上找到电源/启泵控制盘，顺时针旋转水泵 1（或 2）控制按键锁钥匙，开锁；按下绿色启动按钮，泡沫消防泵启动，反馈灯点亮。按红色停止键，泡沫消防泵停动。

图 2-1-13　消防琴台控制面板

（2）就地启停

① 将远方/就地转换开关切换至"就地"挡位；

② 顺时针转动分合闸转换开关，启动电动泵；

③ 逆时针转动分合闸转换开关，停止电动泵。

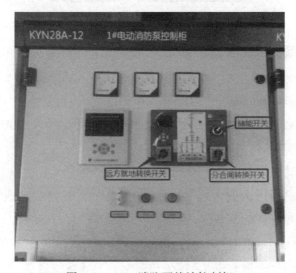

图 2-1-14　消防泵就地控制柜

（3）强启停操作

① 相关操作人员穿戴好防护设备，使用摇把将真空断路器摇至工作位；

② 打开真空断路器小门（前中门）用力按压合闸按钮，使真空断路器合闸，消防泵启动；

③ 消防结束后，打开前中门，用力按压分闸按钮，真空断路器分闸，消防泵停止。

注意：此控制柜，必须在电动泵柜控制回路故障，无法启动的情况下，才能操作；启动前观察储能指示是否在储能状态，如果不在储能状态，按箭头，逆时针旋转摇把，摇至储能状态即可。

图 2-1-15　消防泵手车开关

（二）泡沫液比例混合装置操作

（1）现场控制操作

①"控制方式"按钮打到"现场"控制；

② 手动开启 1 号进水电动阀门、1 号出液电动阀门、同时打开 1 号泡沫罐出液阀；

③ 手动启动泡沫泵；

④ 泡沫泵出口压力值达到设定值（0.6MPa），系统启动成功。

（2）远程控制操作

①"控制方式"按钮打到"集中"；

② 消防琴台"一键启动"，接受信号后，1 号系统启动；

③ 泡沫泵出口压力值达到设定值（0.6MPa），系统启动成功。

（3）集中控制操作

①"控制方式"按钮打到"集中"；

② 登录系统；

③ 1 号系统启动（1 号进水电动阀门、1 号出液电动阀门、同时打开 1 号

泡沫罐出液阀）；

④ 泡沫泵出口压力值达到设定值，系统启动成功。

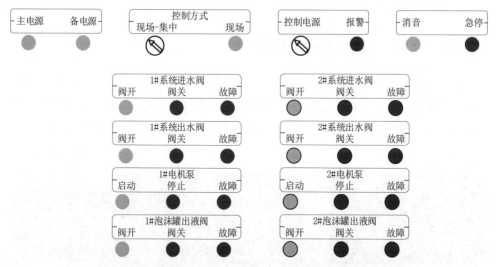

图 2-1-16　泡沫液比例混合装置控制面板

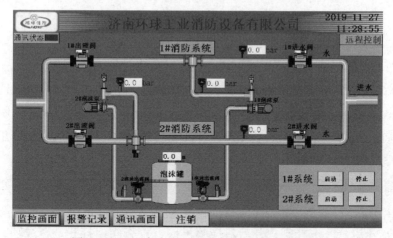

图 2-1-17　泡沫液比例混合装置远程控制界面

（4）系统冲洗

当泡沫比例混合装置运行结束后，管道、泡沫泵及阀门等需用清水进行冲洗。冲洗系统时需按照系统阀门开关状态表要求，将系统各阀门调到冲洗位置状态。冲洗过程中截止阀必须保持关闭，防止水倒流进入泡沫罐，影响罐内剩余泡沫原液的品质与性能。当系统阀门调整到冲洗状态后，从冲洗进口阀接入冲洗压力水对系统管道进行冲洗。冲洗管道的废水从出液口排向系统外部。冲洗时间大约为 2min，以排出的水不再含有泡沫为准。冲洗完毕必须将系统各阀门恢复到待命状态，随时准备再次运行。

四、压缩空气泡沫灭火系统

压缩空气泡沫灭火系统（CAFS）末端释放装置有多种形式，可能包含 CAF 喷淋、挑檐炮和举高消防机器人。喷淋系统和炮系统相互独立、互为备勤，优先启用喷淋系统。消防机器人用于压缩空气泡沫炮故障下的快速替代和补充灭火作用。

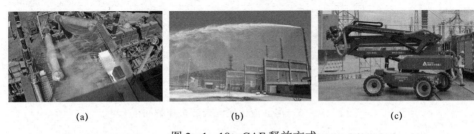

（a） （b） （c）

图 2-1-18　CAF 释放方式

（a）喷淋管；（b）消防炮；（c）举高机器人

（一）启动方式

压缩空气泡沫产生装置控制方式包括远程控制和就地手动控制方式。依据释放方式不同，压缩空气泡沫喷淋系统应具备自动、远程手动、就地手动及现场应急启动方式，压缩空气泡沫消防炮系统应具有远程手动、就地手动及就地遥控控制方式。

压缩空气泡沫灭火系统启动的通用流程（控制系统需设置为自动状态）如下：

（1）收到火灾报警的火警信号，进行 CAFS 启动前检查；

（2）开启分区选择阀、开启对应喷淋阀，检查阀门打开是否成功；

（3）打开 CAFS 设备间卷帘门（若未设置专门通风管道）、启动 CAFS 水泵；

（4）启动 CAFS 产生装置（喷淋已投入）；

（5）收到消防炮就位信号，打开消防炮阀门；

（6）如有一门炮故障或者灭火效果不佳，则由运行人员手动接入移动举高车；

（7）自动流程中，出现操作失败时，则转入手动，由运行人员进行手动处理。

换流变挑檐消防炮启动灭火流程（控制系统需设置为自动状态）：

（1）运行人员发现并确认火情，在消防炮琴台上按下对应起火变压器的按钮；

（2）在消防炮琴台上对消防炮进行一键置位；

（3）按下消防炮就位按钮；

（4）收到消防炮就位信号，打开消防炮阀门，启动 CAFS 主机；

（5）如有一门炮故障或者灭火效果不佳，则由运行人员手动接入举高消防机器人。

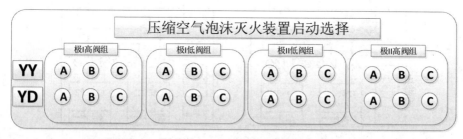

图 2-1-19　CAF 释放分区选择装置示意图

人工确认火灾发生，同时进线开关断开后，远程手动启动火灾区域就近消防炮，消防炮控制琴台根据着火换流变位置开启消防炮"预设位"功能，消防炮指向换流变火灾区域；如远程手动启动功能故障，则通过就地控制方式启动。

远程控制柜收到预置位确认指令，自动打开分区选择阀门；若自动启动功能故障，则通过远程手动和就地手动方式启动。

分区选择阀开启信号反馈至远程控制柜后，自动启动压缩空气泡沫产生装置；若自动启动功能故障，则通过远程手动和就地手动方式启动。

消防炮释放泡沫后，运维人员根据可见光和红外热成像回传视频图像远程手动调节消防炮炮口方向进行灭火；若远程控制功能故障，可以通过现场就地手动控制或现场遥控控制方式对消防炮进行操作灭火。

当一门消防炮发生故障或受外部环境影响无法有效开展灭火作业时，将处于热备用的移动消防炮代替故障消防炮开展灭火作业，现场人员根据现场火灾发展情况及视频图像调节压缩空气泡沫消防机器人消防炮炮头方向进行灭火。

（二）分区选择

前期建设的特高压换流站与 2022 年后新建站在压缩空气泡沫灭火系统配置方式上有所不同，主要差异在于对互为备勤、互为备用的要求实现方式上。

前期部分工程通过每极冗余配置一套压缩空气泡沫产生装置实现，全站双极需配置 4 台产生装置，一次性投资成本高。图 2-1-20 是某换流站的压缩空气泡沫输运管道布置图。

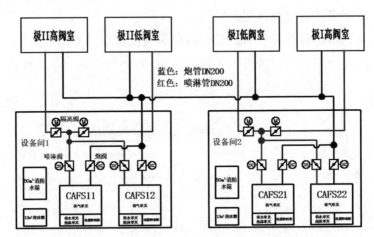

图 2-1-20 前期部分工程 CAFS 配置方案示意图

对采用该方案的换流站，启动灭火的分区选择规则如下：

（1）极Ⅰ高发生火情，启动 CAFS22 为喷淋供泡沫，启动 CAFS12 为消防炮供泡沫；

（2）极Ⅰ低发生火情，启动 CAFS21 为喷淋供泡沫，启动 CAFS12 为消防炮供泡沫；

（3）极Ⅱ高发生火情，启动 CAFS11 为喷淋供泡沫，启动 CAFS21 为消防炮供泡沫；

（4）极Ⅱ低发生火情，启动 CAFS12 为喷淋供泡沫，启动 CAFS21 为消防炮供泡沫。

在该方案中，换流变的喷淋管中的压缩空气泡沫由两个设备间 4 台发生装置供给，极Ⅰ火灾发生后由靠近极Ⅱ的发生装置供给喷淋管泡沫，挑檐炮中泡沫由靠近极Ⅰ的发生装置供给，上述过程由分区选择阀控制决定，最大程度保证设备可靠性，实现互为备勤、互为备用的要求。

2022 年后新建特高压换流站采用的配置方案与上述有显著不同。新建站设置 1 套压缩空气泡沫喷淋系统及 1 套压缩空气泡沫炮系统，两套系统相互独立、协同灭火，优先启用 CAF 喷淋系统，两套系统管网之间应设置连通管及切换阀，具备互相支援功能。

五、消防炮系统

消防炮在换流站应用普遍，可兼容多种消防介质，如水、常规泡沫和压缩空气泡沫。

（一）消防炮琴台控制

消防琴台控制可以在主控室远端操作，主要操作如下：

（1）点击消防炮控制盘"确认"按钮；

（2）输入水炮地址号（参照消防炮点位图）；

（3）点击"手动允许"按钮；

（4）点击"上下左右"按钮，调整水炮姿态；

（5）点击"电磁阀开/关"按钮，开启/关闭高位炮、低位炮前端防爆电动蝶阀；

（6）点击"确认"按钮，即可开阀准备泡沫射流；

（7）点击对应极的"一键启动"按钮，一键启动平衡式比例混合装置。检查泡沫消防泵正确联动，若未成功联动，点击水泵"启动"按钮，远程启动泡沫消防泵；

（8）灭火结束后，先在泡沫消防泵房就地关闭泡沫消防泵，再点击"一键停止"按钮，关闭平衡式比例混合装置；

（9）点击"电磁阀开/关"按钮，关闭高位炮、低位炮前端防爆电动蝶阀。

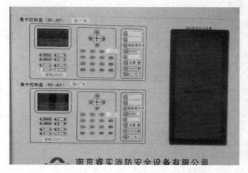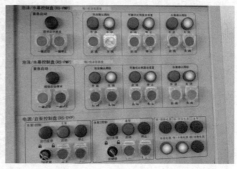

图 2-1-21　消防炮控制琴台面板

（二）就地控制箱控制

每门消防炮就地设置有控制箱，可在现场根据火情手动控制，操作如下：

（1）检查对应高位、低位低倍数消防炮就地控制箱右上方电源开关处于开启状态；

（2）点击"上下左右"按钮，调整水炮姿态；

（3）点击"开阀/关阀"按钮，开启/关闭高位炮、低位炮前端防爆电动蝶阀；

（4）点击"自摆"按钮，实现自动定点摆动喷射介质灭火。

（三）遥控器控制

图 2-1-22　消防炮就地控制箱

消防炮还配备有遥控器，可在现场手动操作炮头朝向，操作如下：

（1）将白色磁铁放入面板的卡槽内（开机后一分钟未操作自动关机）；

（2）长按"F1"，点击"上下"按钮，选择水炮地址，选择后松开 F1 键即完成选择；

（3）通过"上下左右"按钮调整高位炮、低位炮姿态；

（4）点击"开阀/关阀"按钮，开启/关闭高位炮、低位炮前端防爆电动蝶阀；

（5）结束后，取下白色磁铁。

图 2-1-23　消防炮遥控器

六、气体灭火系统

气体灭火系统在换流站中一般用于调相机和接地极区域，在密闭室内环境中，通过瞬间喷射窒息气体淹没整个防护空间，隔离氧气，从而实现灭火。在运站中常见的有 IG541 和七氟丙烷两种气体介质。

除自动启动外，气体灭火系统还可远程手动和机械应急手动两种方式启动。

图 2－1－24　气体灭火系统喷头

自动启动：自动控制方式下，任何一个气体灭火区域发生火灾报警时，由火灾报警系统发送火灾联动信号，发送启动命令到相应防护区就地联动盘，开启相应的气体灭火装置，并接收其反馈信号。一个防护区内的单一探测回路探测到火灾信号后，对应联动盘启动设在该防护区域内的警铃。同防护区内的控制盘在收到防护区内两种不同类型探测器的火灾报警信号后，控制盘启动设在该防护区域内外的蜂鸣器及闪灯通知人员疏散，并进入延时状态（延时时间为 30s），30s 延时结束时，联动盘控制阀门打开以释放气体，气体通过管道输送到防护区。压力开关返回信号到联动盘，联动盘返回相应动作信号到火灾报警系统。

远程手动启动：用户通过多线控制盘手动控制，按钮控制或者就地的启动按钮直接启动就地控制盘，控制盘收到命令后启动设在该防护区域内外的蜂鸣器及闪灯通知人员疏散，并进入延时状态（延时时间为 30s），30s 延时结束时，联动盘控制阀门打开以释放气体。

机械应急启动：确认发生火灾的防护区，进入钢瓶间找到发生火灾的防护区对应的驱动启动瓶组；解除驱动启动瓶组的手动保险销，用力按下启动瓶手动启动按钮，启动灭火系统实施灭火。

| 1. 确定驱动启动瓶 | 2. 解除手动保险销 | 3. 按下启动按钮 |

图 2-1-25　气体灭火系统就地机械应急启动

第四节　移动式灭火系统

由于自动式灭火系统款式多样，本节选择一款较为通用的消防车举例。该款消防车是一种集水罐车、泡沫车、高喷车三者功能于一身的新型举高类消防车，是具有国内先进水平的多功能消防作业车。该车采用电液比例及下车集中控制技术，是全液压驱动、二节折叠臂式消防车。

一、消防车喷水操作

（1）检查各个出水口及外吸水口是否关闭，且保证密封完好。

（2）接通水泵。

（3）按下"罐出水"开关。

（4）按下"消防炮"开关，开始打水工作。（若需给外部提供压力水，则手动打开出水口球阀）。

（5）打水完成后，降低发动机转速到怠速，关闭"消防炮" 开关和"罐出水"开关。

（6）在驾驶室内断开水泵。

二、消防栓供水喷射

（1）通过水带把消防栓出水口与注水口连接好，并打开消防栓阀门。

（2）检查各个出水口及外吸水口是否关闭，且保证密封完好。

（3）接通水泵。

（4）按下"罐出水"开关，打开罐出水气动阀。

（5）按下"消防炮"开关，开始打水工作。

（6）加大油门。

（7）打水完成后，降低发动机转速到怠速，关闭"消防炮"和"罐出水"开关。

（8）断开水泵。

三、外供水喷射

（1）保证"消防炮"开关处于关闭状态，外供水手动球阀处于关闭状态。

（2）通过水带把供水车出水口与注水口连接好。

（3）打开外供水手动球阀，消防炮开始打水工作。

（4）打水完成后，关闭"消防炮"开关。

（5）打开外供水手动球阀下部的泄压球阀，再取下水带。

（6）使用外供水时，注意外部压力，超过最大压力时安全阀会自动泄压。

四、泡沫混合液喷射

（1）检查各个出水口及外吸水口是否关闭，且保证密封完好。

（2）接通水泵。

（3）按下罐出水、罐出液、压力水开关。

（4）加大油门。

（5）按下"消防炮"开关，开始打混合液工作。

（6）打水完成后，降低发动机转速到怠速。

（7）操作面板上关闭罐出水、罐出液、压力水开关。

（8）在驾驶室内断开水泵。

第五节 阀厅消防系统

一、阀厅消防功能投入

（1）在 OWS 界面中选择对应阀组状态界面；

（2）检查火灾报警投退状态为"投入"；

（3）点击"投入"按钮；

（4）在弹出界面上选择"退出"；

（5）检查火灾报警投退状态为"退出"。

二、阀厅消防功能退出

（1）检查对应阀厅所有紫外探测器、极早期烟雾探测器恢复正常；

（2）在 OWS 界面中选择对应阀组状态界面；

（3）检查火灾报警投退状态为"退出"；

（4）点击"退出"按钮；

（5）在弹出界面上选择"投入"；

（6）检查火灾报警投退状态为"退出"。

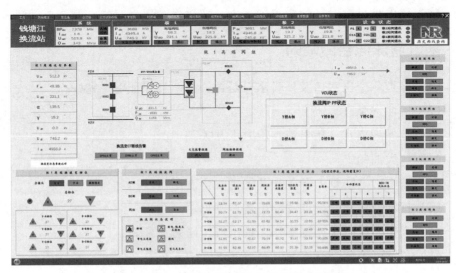

图 2-1-26　气体灭火系统就地机械应急启动

第六节　典型防火设施

防火卷帘有手动操作和自动操作两种。

（一）手动操作

手动启闭：防火卷帘设有手动启闭开关，一般位于防火卷帘旁边的墙上。将开关拉动，即可将防火卷帘上、下启闭。

手柄操作：防火卷帘还配备了手柄控制器，位于防火卷帘某侧墙上。操作时，只需要转动手柄即可使防火卷帘上、下启闭。

（二）自动操作

遇火启动方式：防火卷帘设有火灾探测器，在防火系统检测到火灾时，控制器启动，自动将防火卷帘启闭，以隔离火源。

手动自动切换：防火卷帘还可通过手动自动切换来启动。一旦发生火灾，手动切换至自动状态，即可自动启动防火卷帘。

第七节　应急排油系统

一、本体应急排油系统

（一）开启本体应急排油

（1）将远控屏中"油枕阀门和本体1号阀门电源"和"本体2号阀门电源"空开合闸空开合闸；

（2）将"本体排油总把手" 转至"开启"；

（3）将需要排油操作的对应相"本体排油把手"切换至"开启"进行排油；

（4）查看屏柜显示屏对应相"本体1号排油阀状态""本体2号排油阀状态"是否为"开"；

（5）查看本体排油油流继电器是否动作。

（二）本体排油系统关闭

当检修结束或需要停止本体排油时，操作步骤如下：

（1）观察显示屏上"本体1/2号排油阀状态"为"开"；确认远控屏中"油

枕阀门和本体 1 号阀门电源"和"本体 2 号阀门电源"空开合闸；确认"本体排油总把手"为"开启"状态；

（2）操作对应相"本体转换把手"至"关闭"，等待电动阀门动作完成，屏上"本体 1/2 号排油阀状态"为"关"；

（3）操作对应相"本体排油把手"至"停止"，然后将"本体排油总把手"切换至"停止"；

（4）最后将远控屏中"油枕阀门和本体 1 号阀门电源"和"本体 2 号阀门电源"空开分闸；

（5）排油系统复位后，应再次检查各转换开关及显示屏状态正常。

二、油枕应急排油系统

（一）油枕应急排油系统开启

当需要对变压器油枕进行手动排油时，操作步骤如下：

（1）将远控屏中"油枕阀门和本体 1 号阀门电源"空开合闸；

（2）将"油枕排油总把手"切换至"开启"；

（3）将需要排油操作的对应相"油枕排油把手"切换至"开启"；

（4）查看屏柜显示屏对应相"油枕 1 号排油阀状态""油枕 2 号排油阀状态"是否为"开"；

（5）查看储油柜排油油流继电器是否动作。

（二）油枕应急排油系统关闭

当检修结束或需要停止本体排油时，操作步骤如下：

（1）观察显示屏上"油枕 1/2 号排油阀状态"为"开"，"油枕截止阀状态"为"关"。此时确认远控屏中"油枕阀门和本体 1 号阀门电源"空开合闸，确认"油枕排油总把手"为"开启"状态。

（2）操作对应相"油枕排油把手"至"关闭"，等待电动阀门动作完成，显示屏上"油枕 1/2 号排油阀状态"为"关"，"油枕截止阀状态"为"开"。

（3）操作对应相"油枕排油把手"至"停止"，然后操作"油枕排油总把手"至"停止"。

（4）将远控屏中"油枕阀门和本体 1 号阀门电源"空开分闸。

（5）排油系统复位后，应再次检查各转换开关及显示屏状态，与 1.3.3.1 运行时状态的检查中状态相同。

第八节 消防器材及物资

一、灭火器使用方法

（一）干粉灭火器

手提式干粉灭火器使用时，应先将灭火器提到距离起火点 5m 左右，放下灭火器，如在室外，应选择在上风方向喷射。使用前可将灭火器颠倒晃动几次，使筒内干粉松动，然后拔下保险销，一手握住喷射软管前端喷嘴根部，另一只手用力按下压把或提起储气瓶上的开启提环，喷出干粉灭火。有喷射软管的灭火器或储压式灭火器在使用时，一手应始终压下压把，不能放开，否则会中断喷射。

推车式干粉灭火器使用时把灭火器拉或推到燃烧处，在距离着火点 10m 左右停下，将灭火器后部向着火源停靠好，使其不在使用时倒下，在室外应置于上风方向，先取下喷粉枪，展开缠绕在推车上的喷粉胶管，应该让出粉管水平展开，不能有弯折或打圈情况，接着除掉铅封，拔出保险销，再提起进气压杆或按下供气阀门，使二氧化碳或氮气进入贮罐，当表压升至 0.7MPa～1.0MPa 时，放下进气压杆停止进气，然后拿起喷枪打开出粉阀，对准火焰根部喷出干粉扑火。

扑灭液体火灾时，不要使干粉气流直接冲击液面，以防止飞溅使火势蔓延。

如果被扑救的液体火灾呈流淌燃烧时，应对准火焰根部由近至远并左右扫射，把干粉笼罩住燃烧区，防止火焰回窜，直至把火焰全部扑灭。如果可燃液体在容器内燃烧时，使用者应使喷射出的干粉流覆盖整个容器开口表面，当火焰被赶出容器时，使用者仍应继续喷射，直至将火焰全部扑灭。如果可燃液体在金属容器中燃烧时间过长，容器的壁温已高于扑救可燃液体的自燃点，此时极易造成灭火后再复燃的现象，若与泡沫类灭火器联用，则灭火效果更佳。

（二）二氧化碳灭火器

使用二氧化碳灭火器时，应先将灭火器提到距离起火点 5m 左右，放下灭火器，拔出保险销，一手握住喇叭型喷筒根部的手柄，把喷筒对准火焰，另一只手逆时针旋开手轮（使用手轮式二氧化碳灭火器时）或压下启闭阀的压把（使用鸭嘴式二氧化碳灭火器时），喷射气化二氧化碳灭火。对没有喷射软管的二氧化碳灭火器，应把喷筒往上扳 70°～90°。

当可燃液体呈流淌状燃烧时，使用者应将二氧化碳灭火剂的喷流由近而远向火焰喷射，如果燃烧较大，使用者可左右摆动喷筒，直至把火扑灭。如果可燃液体在容器内燃烧时，使用者应将喇叭筒提起，从容器的一侧上部向燃烧的容器中喷射，但不能将二氧化碳喷流直接冲击可燃液面，以防将可燃液体冲出容器而扩大燃烧范围，造成灭火困难。

使用时应注意灭火器保持直立状态，切勿横卧或倒置使用，不能直接用手抓住喇叭筒外壁或金属连接管，也不要把喷筒对着人，防止被冻伤。室外使用二氧化碳灭火器时，应选择上风方向喷射，且不宜在室外大风时使用。在室内狭小的密闭房间使用时，灭火后使用者应迅速离开，以防窒息，扑救室内火灾后，应先打开门窗通风，然后人再进入，以防窒息。

图 2-1-27 灭火器使用示意图

二、正压式空气呼吸器

据统计，火场中的毒害气体和窒息是导致火灾伤亡的最主要原因，正压式空气呼吸器能保护使用者免受毒气伤害，是有效的单兵个人防护装备。

使用正压式空气呼吸器前，应先做好检查：

（1）检查呼吸器及气瓶充装日期在合格范围内；

（2）检查面罩玻璃是否清晰完好，无划痕、无裂痕或模糊不清；

（3）系带完好，不缺，不断，腰带组、卡扣必须完好无损；

（4）各压力表、管线连接紧固无松动；

（5）检查气瓶压力：打开气瓶阀，压力应在 28MPa～30MPa 之间；

（6）关闭气瓶阀，按下供需阀的 BY－PASS（黄色钮）按钮，慢慢放气，观察压力表，低于 5MPa 时（红色区）报警哨响，说明正常。

正确佩戴正压式呼吸器能更好发挥作用，操作方法如下：

（1）从包装箱中取出呼吸器，将面罩放好，接好中压软管。将气瓶底朝向自己，双手握住两侧把手，将呼吸器举过头顶，使肩带落在肩上。

（2）拉紧肩带，插好腰带，调整松紧至合适。

（3）打开气瓶阀，观察呼吸器压力表的计数；关闭供气阀，打开瓶阀半圈，待压力表稳定后关闭。检查报警压力，轻压供气阀红色按钮慢慢排气；观察压力表，指针在红色扇形区域报警哨响，再次打开瓶阀半圈。

（4）将颈带挂在脖子上，套上面罩，使下颌放入面罩的下颌承口中；分别拉紧面罩带至合适松紧（注意：拉紧方向向后）；拉上头带，使头带中心处于头顶中心位置。

图 2－1－28　取出佩戴正压式空气呼吸器

图 2-1-29　调试气瓶压力

（5）深吸一口气，将供气阀打开。将供气阀的出气口对面罩进气口插入，听到轻轻一声咔响表示已经连接好；呼吸几次，无感觉不适，就可以进入生产场所。

（6）离开生产场所（必须要确认回到安全区域）脱开供气阀，吸口气屏住呼吸，关闭供气阀，一手握住阀体，另一手握住气瓶阀旋转至关闭。

（7）拉动供气阀使中压软管脱离面罩；拨动头带上的带扣使头带松开，抓住进气口脱开面罩；脱开腰带扣、脱开肩带，卸下呼吸器。

图 2-1-30　调整面罩　　　　　图 2-1-31　关闭气瓶

（8）按下中压软管上的供气阀"ON"，将余气排尽（气压表读数为零）；将气瓶、面罩、中压管放回箱中。

图 2-1-32　放回收纳正压式空气呼吸器

第九节　消防自动化

一、PC客户端

（一）双月报生成

（1）点击"管理双月报"；

（2）选择"双月报"；

（3）选择时间，即可生成双月报。

（二）火灾事件/跳闸事件添加

（1）点击"火灾事件/跳闸事件"；

（2）填写火灾相关信息；

（3）即可生成。

（三）重点问题记录/培训学习/应急演练记录添加

（1）点击"重点问题记录/培训学习"；

（2）填写重点问题记录/培训学习相关信息；

（3）即可生成。

（四）消防维保/消防检测/国网专项隐患治理记录添加

（1）点击"消防维保/消防检测/国网专项隐患治理"；

（2）填写消防维保/消防检测/国网专项隐患治理相关信息；

（3）即可生成。

二、手持终端

手持终端巡检流程如下：

（1）登录，在巡检点位这里可以看到所有的巡检点；

图 2-1-33　消防自动化手持终端巡查

（2）在我的—离线巡检页面点击离线巡检（点击离线巡检必须插上自动化网线离线成功后可以拔掉网线开始巡检）；

（3）开始巡检，扫描巡检标签上的二维码进行巡检；

（4）扫描通过需要查看巡检的项目。巡检完毕拍照，点击底部的保存，提示数据保存成功；

（5）全部巡检完毕后，在"我的""离线模式"右上角点击三横杠——提交（提交时必须插上自动化网线），显示提交成功。

第二章 消防设备设施巡视

第一节 基 本 要 求

为进一步规范国家电网公司换流站消防系统日常运维管理及健康状态管控工作，应定期对消防设备设施开展周期性检查巡视工作，基本要求如下。

（1）设备投运前，需确认站内消防设施已正常投入运行。

（2）站内运维人员应熟悉各类消防系统并掌握其使用方法。

（3）应按照要求定期对各消防系统进行巡视检查，确保消防系统功能正常。例行巡视每日开展一次，全面巡视每月不少于一次。

（4）消防设施应处于正常工作状态。不得损坏、挪用或者擅自拆除、停用消防设施、器材。消防设施出现故障时，应及时通知单位有关部门，尽快组织修复。

（5）设备运行期间严禁擅自退出消防系统，若确需退出，应征得相关部门批准。

第二节 火 灾 自 动 报 警 系 统

一、例行巡视

（1）火灾报警控制器各指示灯应显示正常，无异常报警。

（2）火灾自动报警系统触发装置应安装牢固，外观完好，工作指示灯正常。

（3）集中报警、区域报警控制器、火灾探测器标志文字符号和标识应明显、清晰。

（4）主控室、设备区、蓄电池室、电容器室、继电保护室、高压室等火灾报警装置应正常运行。

（5）手动启动方式按钮防误碰措施应完好。

（6）室外探测器的终端装置防雨措施应良好。

（7）火焰探测器的探测视角内不应存在遮挡物，应避免光源直接照射在探测器的探测窗口，符合 GB 50116 要求。

二、全面巡视

（1）火灾自动报警装置打印纸数量应充足。

（2）火灾自动报警系统备用应电源正常，能可靠切换。

（3）火灾自动报警系统自动、手动报警指示灯应正常。

（4）极早期烟雾探测器连接管路无松动、开裂及变形。

（5）控制楼、保护小室及备品备件库房等火灾自动报警系统主控屏和联动控制屏外观完好、清洁，各项输入、输出显示功能正常，接线牢固，无松动、破损或脱落。

第三节　消防给水系统

一、例行巡视

（1）消防水池、消防水箱液位应正常，无明显降低。

（2）消防给水系统压力应正常。

（3）消防水泵控制柜面板应无异常信号。

（4）消防水泵控制柜处于自动状态，就地/远方切换开关在远方位置。

（5）稳压泵、消防泵供电电源正常。

（6）稳压泵、消防泵、阀门、控制箱等标识应完整清晰、准确、牢靠。

（7）稳压泵、消防泵进出口阀门位置正确。

（8）稳压泵、消防泵、阀门及连接管道处应无明显渗漏水现象。

（9）室内消火栓、水泵接合器应无漏水，箱体打开正常，无遮挡，无妨碍堆积物。

（10）消防管网、室外消火栓应无明显渗漏水现象。

（11）柴油机消防泵油箱油位应正常。

（12）冬季时，消防湿式管网电加热系统运行应正常。

（13）消防水泵房内温度不应低于 5℃，符合 GB 50974—2014 中 5.5.9 的要求。

二、全面巡视

（1）消防水泵控制柜内驱潮加热、照明回路应正常，电缆封堵应无破损。

（2）消防水泵控制柜内整洁，接线头应无松动现象，无元器件过热烧毁痕迹。

（3）阀门井应无明显渗漏水现象。

（4）对消火栓、水带等进行检查，检查栓口橡胶应无老化、龟裂或脱落，水带应无霉烂、穿孔。

（5）稳压泵、电动消防泵地脚螺栓应无锈蚀或松动，垫片应完整。

（6）各阀门位置应正确，铅封、锁链应完好。

（7）消火栓管网的减压阀及其过滤器，应工作正常。

（8）柴油机消防泵启动电池电量应正常。

（9）消防水泵接合器的接口及附件应完好、闷盖齐全。

（10）消防水池、消防水箱水位及消防气压给水设备的气体压力应符合设计要求。

（11）钢板消防水箱和消防气压给水设备的玻璃水位计两端的角阀，在不进行水位观察时应关闭。

（12）消防水池用水应不作他用。

（13）浮球阀工作应正常，补水压力正常。

第四节　固定式灭火系统

一、水喷雾灭火系统

（一）例行巡视

（1）连接雨淋阀的消防管道应无漏水现象。

（2）雨淋阀隔膜腔压力正常，应不低于下部管网压力。

（3）雨淋阀系统应无其他异常和报警信号。

（4）雨淋阀各阀门位置状态应正确。

（5）雨淋阀室各设备标示标牌应完整、清晰、无掉落。

（6）雨淋阀喷头外观应无破损、变形，朝向应正确，有异物时应及时清除。

（7）雨淋阀室内温度不应低于4℃，符合GB 50219—2014中5.3.1的要求。

（8）喷头、管道应完好，无爆裂隐患；冬季巡视时，防冻设施应完好。

（二）全面巡视

（1）雨淋阀警铃阀连接的透明管应无水渍。

（2）雨淋阀各继电器、压力开关等应无异常。

（3）雨淋阀就地控制盘应完好无锈蚀、接地良好，封堵严密，柜内应无异物。

二、泡沫喷雾灭火系统

（一）例行巡视

（1）分区阀门均应在关闭状态。

（2）泡沫消防间温度应满足泡沫液环境温度要求。

（3）泡沫喷雾灭火系统控制柜应无报警。

（4）泡沫消防间内应清洁、干燥、通风良好；装置铭牌应清晰无损坏。

（5）泡沫喷雾灭火系统喷雾喷头、管件、管网及阀门应无损伤、腐蚀、渗漏等情况。

（6）预混泡沫喷雾灭火系统还应开展下列项目巡视：

a）手动防误操作措施应完好；

b）灭火剂输送管道和启动管路应无异常；

c）动力瓶减压阀前后两个压力表读数均应为0；

d）泡沫罐压力表示数应为0，液位应在正常位置。

（7）现混泡沫喷雾灭火系统还应开展下列项目巡视：

a）进水阀、泡沫出液阀应在关闭状态；

b）泡沫泵进口管路、回流管路应畅通；

c）泡沫比例混合装置各阀门的阀位应正确；

d）泡沫比例混合器永久性标识牌清晰；其外壳应标示水流方向，符合GB 20031—2005中5.1的要求。

（二）全面巡视

（1）启动瓶、动力氮气瓶压力应正常。

（2）主电源指示灯应正常，备用电源箱应无报警指示灯点亮。

（3）泡沫喷雾灭火系统控制柜内线缆应无烧灼痕迹、无焦糊味。

（4）泡沫喷雾灭火系统控制柜应完好、无锈蚀、接地良好、无异物、防火封堵严密。

三、泡沫消防炮灭火系统

（一）例行巡视

（1）泡沫消防炮控制琴台应开展下列项目巡视：

a）查看消防炮控制琴台应无异常报警信号，各电动阀门状态位置应正确；

b）泡沫消防炮控制琴台人机界面显示应正常，无掉线情况；

c）系统操作账号在退出状态，遥控器摆放位置明显。

（2）泡沫比例混合装置应开展下列项目巡视：

a）设备外观应完好；

b）表计示数应正常；

c）泡沫罐液位应正常；

d）泡沫消防间温度应满足泡沫液环境温度要求；

e）泡沫比例混合装置各控制阀门的阀位应正确；

f）泡沫消防炮控制柜各指示灯显示应正确，无异常及报警信号。

（3）消防炮组件应开展下列项目巡视：

a）设备编号及标识应齐全、清晰、无脱落，符合 GB 19156—2019 中 5.1 的要求；

b）管网及阀门应无损伤、腐蚀、渗漏；

c）各阀门位置指示应正确、工作状态应正确。

（二）全面巡视

（1）泡沫消防炮控制箱（柜）应开展下列项目巡视：

a）控制箱内应无异物、锈蚀现象，无过热痕迹及焦糊味；

b）端子接线应无脱落，电源正常；

c）控制箱应密封良好，关闭正常；

d）电缆孔洞封堵应严密。

（2）泡沫消防炮应无倾斜、基础下沉及悬挂异物。

（3）泡沫消防炮干式管道中应无水。

四、压缩空气泡沫灭火系统

（一）例行巡视

（1）压缩空气泡沫产生装置应开展下列项目巡视：

a）设备标示应清晰、完整，符合 Q/GDW 12033 的要求；

b）设备外观应完好；

c）压缩空气泡沫产生装置仪器仪表显示应正常；

d）压缩空气泡沫产生装置各控制阀门的位置应正确；

e）泡沫储罐液位应正常；

f）水箱液位应正常；

g）压缩空气泡沫产生装置应无其他报警和异常。

（2）消防炮应开展下列项目巡视：

a）消防炮组件外观应完好；

b）消防炮分区阀控制装置信号状态、阀位应正常；

c）消防炮指向位置应正确；

d）消防炮控制琴台应无故障信号，界面显示应正常。

（3）压缩空气泡沫消防炮灭火系统装置阀门、管路、法兰等应无渗漏。

（二）全面巡视

（1）通过系统自动巡检功能对压缩空气泡沫产生装置进行巡检，消防泵、泡沫泵和空压机等组件功能应正常。

（2）消防炮遥控装置电池电量应充足，电量不足应及时更换。

（3）消防机器人电量应充足，电量不足应及时充电。

五、气体灭火系统

（一）例行巡视

（1）火灾报警控制器应显示正常，无异常报警。

（2）气体消防系统应处于自动状态。

（3）手动防误操作措施应完好。

（4）气体消防间和控制室内应清洁、干燥、通风良好。

（5）火灾报警控制器表面应清洁无尘。

（6）灭火剂输送管道、消防管网和启动管路应无异常情况。

（7）装置铭牌、警示牌应清晰无损坏。

（8）气体灭火系统电磁阀电源应正常，输出阀门应开启正常，管道阀门应处于正常状态，且阀门处无渗漏。

（9）气体消防系统喷头应无堵塞、锈蚀。

（10）火灾探测器应无损坏、失效或误报，声音报警系统应正常工作。

（11）气体消防钢瓶压力应保持在绿色指示范围内。

（12）气体储存装置的运行情况、储存装置间的设备状态正常。

（二）全面巡视

（1）火灾报警控制器应工作正常。

（2）火灾报警控制器双路电源应正常，主备电源可自动切换。

（3）控制柜输入、输出模块应无报警指示灯点亮。

（4）主电源指示灯应正常，备用电源箱应无报警指示灯点亮。

（5）柜内线缆应无烧灼痕迹、无焦糊味。

（6）气体灭火系统应处于自动状态，当防区内有人员工作或系统检修时可改为手动状态，但应及时恢复。

第五节　移动式灭火系统

一、举高、水炮消防车

（一）例行巡视

（1）外表面应平整美观，无磕碰，无凹凸不平现象。

（2）电镀件应无磕碰、锈蚀等缺陷。

（3）各种管路应完好，固定可靠。

（4）各种电线束应完好，固定可靠，与运动部件无干涉，对有割破可能的电线在外部应增加护套保护。

（5）各种外部照明及信号装置应完好，工作应正常。

（6）液压油及其他液体应加注完整。

（7）车门开启角度应满足标准要求，车门关闭后与门框的间隙应紧密、均匀，密封条应被压紧，车门开关过程中应无发卡现象，用力关门时应无其他杂音。

（8）打开卷帘使其停在任意位置，卷帘应不会自动落下或上升；打开、落下卷帘数次，卷帘的运动应无发卡现象；卷帘在最高处时不借助车外器械应不能落下，卷帘应能够锁闭；卷帘落下时，卷帘与框间的缝隙及密封条密封状况应良好。

（9）器材箱应有排水功能，箱内照明应充分，开关与照明灯应完好，器材箱内衬板应固定良好，器材箱的分隔应牢固，器材箱内抽拉板、抽屉、旋转架运动应轻便，能关闭到位，器材配置应符合要求，器材固定应牢靠，取用应方便。

（10）侧后防护的离地高度以及侧防护与车轮间的前后缘间隙应符合标准要求。

（11）指示标牌、操作说明、安全警示应齐全，且为中文，仪表计量单位应采用我国法定计量单位，消防车合格证与消防车铭牌应相符。

（12）警灯、警报器应完好，其功能和声音应正常；频闪灯应能正常工作。

（13）消防炮的俯仰和回转角。

（14）车顶器材应固定牢靠，方便取用，不允许有物品伸出车外，爬梯的强度和刚度应符合要求，爬梯的拉出与收起应方便。

（15）每次用完车辆后应检查：

a）检查发动机机油液位。

b）检查发动机散热器冷却水液位（同时注意：观察冷却水是否有铁锈色，冷却水出现铁锈色说明防锈剂已失效；清理阻塞散热器的杂质，检查散热片是否有损坏处；各个系统，如：散热器、胶管、夹持器等是否有泄露损坏处）。

c）检查发动机散热器时液面时：车辆冷却后，注意分两步移动散热器盖，首先慢慢地逆时针方向旋转一下，让冷却水中压力释放出来，然后继续逆时针方向旋转散热器盖至其可移动，如果不按照这两步操作可能会造成人员灼伤。

d）用干净半湿毛巾擦干净所有照明灯、反光板及反光镜，检查玻璃是否有破碎。

e）从罐人孔盖处观察灭火剂位置。

（二）全面巡视

（1）爬梯应完好，锁止应可靠，安装位置不能影响对后部灯具的观察，表面应有防滑措施。

（2）油漆颜色应符合国家规定，漆面应无气孔、橘皮、龟裂等缺陷。

（3）翻板应完好，固定牢固，表面应有防滑措施，离地高度应合适，应有可靠锁止保证行车时不会自动翻下。

（4）踏脚板、车顶表面应完好，表面应有防滑措施，把手的安装布置应易于攀爬。

（5）对各种阀进行开关操作，应无发紧或过松等现象，应无妨碍操作的障碍物。

（6）消防泵的进、出口数量、口径和位置应准确。

（7）消防泵的进、出水管路材料和罐的材料应符合要求。

（8）查看各仪表、操纵开关及手柄，应无损坏。

二、消防机器人

（一）例行巡视

（1）压缩空气泡沫消防机器人外观应完好。

（2）压缩空气泡沫消防机器人应处于满电状态。

（二）全面巡视

消防机器人灭火装置液压油应无渗漏，油位应正常。

第六节　阀厅消防系统

一、阀厅消防系统

（一）例行巡视

（1）阀厅消防系统中极早期烟雾探测器、火焰探测器、智能扩展装置各信号灯指示应正常，无报警信号。

（2）极早期烟雾探测装置气流应正常。

（3）阀厅火灾自动报警系统跳闸功能应正确投入。

（4）阀厅火灾自动报警系统、吸气式感烟火灾探测器分析系统、CRT 图形显示系统运行应正常，能正确反映设备故障及火情信息，各装置信号灯指示正常，无异常报警信号。

阀厅消防系统的极早期烟雾探测器、紫外火焰探测器周围应无遮挡，不得影响其功能。

（二）全面巡视

（1）极早期烟雾探测装置和扩展模块应无异常、报警。

（2）极早期烟雾探测器、火焰探测器电源供电应正常。

（3）极早期烟雾探测器采样管网、火焰探测器固定应牢固。

（4）极早期烟雾探测器装置抽风管网应无掉落、破损现象。

二、阀厅防火封堵设施

（一）例行巡视

（1）阀厅封堵接地线应无脱落。

（2）抗爆门外表面防火涂料应无脱落。

（3）阀厅内红外系统监视阀厅封堵的温度应无异常。

（二）全面巡视

（1）抗爆门应无变形或损坏，无锈蚀；螺栓应紧固。

（2）抗爆门外表面防火涂料应无脱落。

（3）阀厅红外测温应无异常。

第七节　应急排油系统

一、例行巡视

（1）与变压器（换流变）巡视同步开展。

（2）管路及零部件对接部位应无渗漏油。

（3）防火罩（柜）应密封良好，外观无破损，标识清晰。

二、全面巡视

（1）与变压器（换流变）巡视同步开展，每周不应少于 1 次（确保人员安全前提下），全面巡视含例行巡视项目。

（2）远方控制屏柜应封堵良好，无异味，二次线无变色、损伤，柜体无锈蚀、接地良好，柜内无异物。

（3）检查远方控制屏柜内各元件运行正常，接线紧固，无过热、异味、冒烟现象。

第八节　消防器材及物资

一、超细干粉灭火系统

（一）例行巡视

（1）干粉贮存容器外观应正常、无变形或损坏，无锈蚀，符合 GB 16668 的要求。

（2）控制装置外观应完好，工作指示灯应正常。

（3）感温系统应正常、无异常报警。

（二）全面巡视

（1）悬挂装置应正常、无松动脱落。

（2）接线应完好、无脱落。

（3）感温系统回路应正常。

（4）贮压式灭火装置的干粉贮存容器的充装压力应符合标准规定。

（5）充装灭火剂的使用期限应在有效期内。

（6）电引发器引出线及连接电缆应无折断、破损等现象。

二、灭火器

全面巡视

（1）灭火器是否放置在配置图表规定的设置点位置。

（2）灭火器的落地、托架、挂钩等设置方式是否符合配置设计要求。手提式灭火器的挂钩、托架安装后是否能承受一定的静载荷，并不出现松动、脱落、断裂和明显变形。

（3）灭火器的铭牌是否朝外，并且器头宜向上。

（4）灭火器的类型、规格、灭火级别和配置数量是否符合配置设计要求。

（5）灭火器配置场所的使用性质，包括可燃物的种类和物态等，是否发生变化。

（6）灭火器是否达到送修条件和维修期限。

（7）灭火器是否达到报废条件和报废期限。

（8）室外灭火器是否有防雨、防晒等保护措施。

（9）灭火器周围是否存在有障碍物、遮挡、拴系等影响取用的现象。

（10）灭火器箱是否上锁，箱内是否干燥、清洁。

（11）特殊场所中灭火器的保护措施是否完好。

（12）灭火器的铭牌是否无残缺，并清晰明了。

（13）灭火器铭牌上关于灭火剂、驱动气体的种类充装压力、总质量、灭火级别、制造厂名和生产日期或维修日期等标志及操作说明是否齐全。

（14）灭火器的铅封、销门等保险装置是否未损坏或遗失。

（15）灭火器的筒体是否无明显的损伤（磕伤、划伤）、缺陷、锈蚀（特别是筒底和焊缝）、泄漏。

（16）灭火器喷射软管是否完好、无明显龟裂，喷嘴不堵塞。

（17）灭火器的驱动气体压力是否在工作压力范围内（贮压式灭火器查看压力指示器是否指示在绿区范围内，二氧化碳灭火器和储气瓶式灭火器可用称重法检查）。

（18）灭火器的零部件是否齐全，并且无松动、脱落或损伤现象。

（19）灭火器是否未开启、喷射过。

第九节　消防自动化系统

一、例行巡视

（1）消防监控工作站（消防自动化系统）人机界面应显示正常。

（2）三维可视化系统、智能巡检系统、风险管控系统、设备运维管理系统应投入正常。

（3）消防监控工作站应无监控故障、火警信号，监控的消防设备参数应正常。

（4）消防监控工作站消防电子预案系统应在退出状态，应急处置时投入使用。

二、全面巡视

（1）消防监控工作站的硬件设备应无过热痕迹及焦糊味。

（2）消防监控工作站的硬件设备接线应无脱落，电源正常。

（3）消防监控工作站的信号显示灯应正常。

第三章　消防设备设施维保要求

第一节　基　本　要　求

消防设备设施维保工作属于第三方消防技术服务范畴，为规范维保工作质量，从事消防设施维保的消防技术服务机构应满足下列基本要求。

（1）消防技术服务机构应取得企业法人资格。

（2）消防技术服务机构注册消防工程师不少于 2 人，其中一级注册消防工程师不少于 1 人；技术负责人应当具备一级注册消防工程师资格，注册消防工程师不得同时在两个以上社会组织执业。

（3）消防技术服务机构取得国家职业资格证书（消防设施操作员）的员工不少于 6 人，其中获中级技能等级以上的人员不少于 2 人。

（4）消防技术服务机构的基础设备和消防设施维保、检测设备配备应符合有关规定要求。

（5）消防技术服务机构应有健全的质量管理体系。

（6）换流站签订的消防设备设施维保、检测等技术服务合同，维保和检测单位应为不同单位。

（7）换流站消防设施维保项目应由消防技术服务机构具有注册消防工程师资格证书的人员担任项目负责人，由具有中级及以上等级职业资格证书的消防设施操作员实施维保。

（8）换流站（变电站）消防设施包括：消防供配电设施、火灾自动报警系统、消防给水设施、灭火设施（消火栓系统、压缩空气泡沫灭火系统、水喷雾灭火系统、泡沫喷雾灭火系统、泡沫消防炮灭火系统、涡扇炮灭火系统、细水雾灭火系统、自动喷水灭火系统、排油注氮灭火系统、气体灭火系统、超细干粉灭火系统和灭火器等）、阀厅消防系统、消防自动化系统、防烟排烟系统、阀厅封堵设施、应急照明及疏散指示系统、防火门及防火卷帘等。

第二节 火灾自动报警系统

一、季度维护

（1）对火灾自动报警系统主机开展除尘。

（2）开展强制切断非消防电源功能试验。

（3）用自动或手动检查消防控制设备的控制显示功能。

（4）对主电源和备用电源进行自动切换试验。

二、年度维护

（1）应用专用检测仪器对所安装的全部探测器和手动报警装置试验至少1次。

（2）应对每一个分机、插孔至少进行1次呼叫功能检查。

（3）应对火灾显示盘的每一台区域显示器至少进行 1 次火灾报警显示功能检查。

（4）应对消防联动控制器每一只模块至少进行1次启动功能检查。

（5）应对每一只可燃气体探测器至少进行1次可燃气体报警功能检查。

（6）应对线型感温电缆进行1次火灾报警检查和联动控制功能检查。

（7）应对消防设备电源监控器每一只传感器至少进行 1 次消防设备电源故障报警功能检查。

（8）应对消防设备应急电源的转换功能进行检查。

（9）应对消防控制室图形显示装置的接收和显示火灾报警、联动控制、反馈信号功能进行检查。

（10）应对火灾警报器的报警和联动功能进行检查。

（11）应对消防应急广播系统的广播和联动功能进行检查。

（12）应对防火卷帘控制和联动控制功能进行检查。

（13）应对防火门监控器及其配接的现场部件进行1次启动、反馈功能检查，常闭防火门故障报警功能检查。

（14）应对电动送风口、电动挡烟垂壁、排烟口、排烟阀、排烟窗、电动防火阀、排烟风机入口处的总管上设置的280℃排烟防火阀进行启动、反馈功能检查。

（15）应对加压送风系统、电动挡烟垂壁、排烟系统、每一个分区进行1次联动控制功能检查。

（16）应对消防应急照明和疏散指示系统每一个报警区域至少进行1次控制功能检查。

（17）应对极早期烟雾探测器管道进行清洗，对极早期烟雾探测器报警和故障功能进行试验。

（18）点型感烟火灾探测器应根据产品说明书的要求定期清洗、标定；产品说明书没有明确要求的，应每2年清洗、标定1次。

（19）可燃气体探测器应根据产品说明书的要求定期进行标定。

（20）火灾报警控制柜各项功能应正常。

（21）火灾自动报警系统接地电阻应符合规范或设计要求。

（22）应每年对水喷雾系统进行1次直接手动控制功能检查。

（23）应进行自动和手动打开排烟阀，关闭电动防火阀和空调系统试验。

（24）应对火灾自动报警系统操作功能、远程功能核对检查试验1次。

（25）核对火灾自动报警系统报警信号正确，火灾报警联动正常。

（26）应对其他有关的消防控制装置进行功能试验。

第三节　消　防　给　水　系　统

一、月度维护

（1）应手动启动消防水泵运转1次，并应检查供电电源的情况。

（2）应模拟消防水泵自动控制的条件自动启动消防水泵运转1次。

（3）应对稳压泵的停泵启泵压力和启泵次数等进行检查和记录。

（4）应对柴油机消防水泵的启动电池的电量进行检测。

（5）应检查柴油机消防水泵储油箱的储油量。

（6）应对气压水罐的压力和液位是否正常。

（7）应对电动阀和电磁阀的供电和启闭性能进行检测。

（8）应对减压阀组进行 1 次放水试验，并检测和记录减压阀前后的压力。

二、季度维护

（1）检查阀门开关应灵活、有效，阀门关闭不严或不能灵活使用的应及时修理，对阀门的接触面发现有缺陷的，需进行研磨工作，无法修复的予以更换。

（2）应对阀门转动部位螺栓进行润滑。

（3）应清洗过滤器。

（4）应进行消火栓试验，检查消火栓栓口压力应达到规范或设计要求。

（5）应对消火栓系统管网进行全面检查，对腐蚀严重的管道予以更换，对油漆脱落的管道及时除锈，刷防锈漆和标志漆。

（6）应对电动消防泵、柴油机消防泵手动启动 1 次，做好防误动措施。

（7）应试验安全泄压阀灵敏、可靠。

（8）应对市政给水管网的压力和给水能力进行 1 次监测。

（9）应对消防水泵的出流量和压力进行 1 次试验。

（10）应对消防管道阀门的铅封、锁链进行 1 次检查，当有破坏或损坏时应及时修理更换。

（11）应对室外阀门井中进水管上的控制阀门进行 1 次检查，并核实其处于全开启状态。

（12）应对系统所有的末端试水阀和报警阀的放水试验阀进行 1 次放水试验，并应检查系统启动、报警功能以及出水情况是否正常。

（13）应对消火栓进行 1 次外观和漏水检查，发现有不正常的消火栓应及时更换。

（14）应试验水流指示器，信号应显示正确。

三、年度维护

（1）严寒、寒冷地区，应做好消防水池、消火栓、消防管网的防冻措施。

（2）应检查消防水池、消防水箱等蓄水设施的结构材料是否完好，发现问题时应及时处理。

第四节 固定式灭火系统

一、水喷雾灭火系统

（一）月度维护

（1）应检查手动控制阀门的铅封、锁链，当有破坏或损坏时应及时修理更换；系统上所有手动控制阀门均应采用铅封或锁链固定在开启或规定的状态。

（2）应对电磁阀进行启动试验，动作失常应及时更换。

（3）应检查喷头，当喷头上有异物时应及时清除。

（二）季度维护

（1）应对压力开关进行功能试验，动作失灵时应及时更换。

（2）应检查室外阀门井中进水管上的控制阀门，核实其处于全开启状态。

（三）年度维护

（1）应检查电磁阀并进行启动试验，动作失常时应及时更换，启动电磁阀前做好防误喷措施。

（2）应对水喷雾灭火系统进行试喷测试，检查系统启动、报警功能以及出水情况是否正常，对于检修周期大于一年的应结合年度检修进行。

（3）应对雨淋阀过滤器进行清洗。

（4）应对水力警铃进行测试。

（5）应对消防储水设备、管道和支、吊架进行检查，修补缺损和重新油漆。

（6）根据运维情况，应对雨淋阀隔膜进行抽查，膜瓣和密封面应清洁无损伤、无结垢。

二、泡沫喷雾灭火系统

（一）月度维护

（1）泡沫炮、泡沫消火栓、控制阀门应自如开启和关闭，无锈蚀。

（2）应对遥控功能或自动控制设施及操纵机构进行检查,性能应符合设计要求。

（3）应对电磁阀、电动阀、气动阀、安全阀、平衡阀进行检查，并做启动试验，动作失常时应及时更换。

（4）宜采用消防水对泡沫释放装置冲洗，冲洗时间不少于 5min。

（5）应对泡沫产生装置的消防泵、供气装置以及备用动力进行 1 次启动试验，连续运行时间不宜少于 15min。

（6）应对氮封储罐泡沫产生器的密封处进行检查，发现泄漏应及时更换密封。

（二）季度维护

（1）泡沫喷雾灭火系统控制柜双路电源自动切换功能应正常。

（2）泡沫喷雾灭火系统喷头及消防管网外观应正常。

（3）泡沫液实际液位应正常。

（4）泡沫喷雾灭火系统自动/手动方式转换应正常。

（5）泡沫泵应进行启动试验，注意做好防误动措施。

（6）启动瓶、动力氮气瓶压力检测应正常。

（7）对各阀门应进行 1 次润滑保养。

（三）年度维护

（1）各管路部件连接完好无松动，灭火剂输送管道和喷嘴喷孔应无堵塞，并做好装置清灰工作。

（2）应对驱动装置自动、手动（包括紧急启动、紧急停止）控制方式等进行功能性检查。

（3）应对启动瓶电磁阀进行功能测试。

（4）应对泡沫喷雾灭火系统紧急拍停、远方/就地启停等进行功能性测试。

（5）应对压力表、比例混合器等元器件检查。

（6）现混泡沫喷雾灭火系统试喷测试，对主备泡沫泵进行切换试验，试喷完成后应冲洗消防管网。

（7）应对泡沫泵电机进行润滑保养。

（8）压力式比例混合装置储液罐应每年做 1 次检漏试验。

（9）系统管路，喷头、阀门、附件（特别是过滤器）应无泄漏、堵塞、锈蚀等情况。

三、泡沫消防炮灭火系统

（一）月度维护

（1）对消防水泵进行 1 次就地手动启泵试验，启动运行时间不宜少于 3min，电气设备工作状况应良好。

（2）检查消防炮的回转机构，动作应正常，符合 GB 19156—2019 中 5.3 的要求。

（3）每两周应对氮封储罐泡沫产生器的密封处进行检查，发现泄漏应及时更换密封。

（4）对泡沫消防炮灭火系统进水电动阀启闭、出液电动阀启闭、消防炮电动阀启闭应进行 1 次动作测试，测试前需临时关闭电动阀配套的机械阀门。

（5）对遥控功能或自动控制设施及操纵机构进行检查，性能应符合设计要求。

（6）对电磁阀、电动阀、气动阀、安全阀、平衡阀进行检查，并做启动试验，动作失常时应及时更换。

（二）季度维护

（1）检测消防水泵的流量和压力，应满足设计要求。

（2）对各阀门应进行 1 次润滑保养。

（3）在消防炮控制琴台、就地控制箱和遥控器对消防炮炮头进行转向测试。

（4）应对泡沫比例混合装置主备电源切换功能进行测试。

（5）泡沫比例混合装置管道、连接件的外观及管道应牢固，清除泡沫泵电机表面积灰。

（6）应采用消防水对泡沫喷淋管、泡沫炮等泡沫释放装置冲洗，冲洗时间不低于 5min。

（三）半年度维护

（1）对管道上过滤器滤网进行清洗，发现锈蚀应及时更换。

（2）泡沫炮喷水应正常。

（四）年度维护

（1）遥控器电池应进行更换。

（2）消防炮控制琴台内部组件应进行 1 次清灰。

（3）消防炮转动部位应进行润滑处理，以保证转动灵活。

（4）对泡沫消防炮灭火系统进行试喷测试，检验泡沫消防炮系统是否正常，当试喷测试条件受限，无法开展试喷测试时，可采用间接方式试喷，如消防机器人、泡沫栓等，试喷完成后应冲洗消防管网。

（5）应定期对泡沫灭火剂进行试验，发现失效应及时更换。

四、压缩空气泡沫消防炮灭火系统

（一）月度维护

（1）检查消防炮的回转机构，动作应正常。

（2）压缩空气泡沫产生装置系统总出口阀、泡沫泵冲洗阀、泡沫泵加液阀、空压机载荷阀打开/关闭动作测试。

（3）对遥控功能或自动控制设施及操纵机构进行检查，性能应符合设计要求。

（4）对电磁阀、电动阀、气动阀、安全阀、平衡阀进行检查，并做启动试验，动作失常时应及时更换。

（5）应对泡沫产生装置的消防泵、泡沫泵、供气装置以及备用动力进行 1 次启动试验，连续运行时间不宜少于 15min。

（二）季度维护

（1）检测消防水泵的流量和压力，应满足设计要求。

（2）对各阀门进行 1 次润滑保养。

（3）压缩空气泡沫产生装置管道、连接件管道应牢固，连接件外观应正常，清除冷却器表面积灰。

（4）应对消防炮控制琴台、消防炮就地控制柜和遥控器进行消防炮本体控制功能测试。

（5）应对压缩空气泡沫产生装置的远程控制柜、就地控制柜进行远程、就地、紧急启停功能测试。

（6）应对压缩空气泡沫消防炮灭火系统主备电源进行切换功能测试。

（7）移动消防炮检查无线图像传输、行走、升降、转向、急停功能应正常。

（8）应采用压缩空气对泡沫喷淋管、泡沫炮等泡沫释放装置冲洗，冲洗时间不低于 5min。

（三）年度维护

（1）应对压缩空气泡沫消防炮灭火系统进行试喷测试，功能应正常，试喷测试禁止直接喷射到设备上，当试喷测试条件受限，无法开展试喷时，可采用间接方式试喷，如消防机器人等，试喷完成后应冲洗消防管网。

（2）应更换压缩空气泡沫产生装置温控阀与油过滤器组件的滤芯，对系统管网、泡沫存储罐进行清洗、排渣等。

（3）应对压缩空气发生装置的增压泵、空压机等进行检查维护，对传动部件进行润滑。

（4）应对消防炮本体固定、锈蚀及接线状态进行检查维护，对转动部分进行润滑处理。

（5）应对阀组挑檐及侧墙管道连接进行检查，应连接正常、无漏水。

（6）应对管道上过滤器滤网进行清洗，发现锈蚀应及时更换。

（7）应定期对泡沫灭火剂进行试验，发现失效应及时更换。

（8）应根据泡沫液存放年限对其进行更换，应提供合格的泡沫液，同时宜采用当地通用型泡沫液。

五、气体灭火系统

（一）季度维护

（1）检查可燃物的种类、分布情况，防护区的开口情况，应符合设计规定。

（2）检查储存装置间的设备、灭火剂输送管道和支、吊架的固定，应无松动。

（3）连接管应无变形、裂纹及老化，必要时，送法定质量检验机构进行检测或更换。

（4）各喷嘴孔口应无堵塞。

（5）对高压二氧化碳储存容器进行称重检查，灭火剂净重不得小于设计储存量的 90%。

（6）灭火剂输送管道有损伤与堵塞现象时，应进行严密性试验和吹扫。

（二）年度维护

（1）气体消防系统控制主机功能测试。

（2）火灾探测器功能性测试。

（3）气体消防钢瓶、主机、感温感烟探头、管道、紧急启动装置和声光报警器等元器件检查。

（4）对每个防护区进行 1 次模拟启动试验。

（5）气体消防系统试喷测试。

（6）灭火剂储存容器的维护管理应按《压力容器安全技术监察规程》执行；钢瓶的维护管理应按《气瓶安全监察规程》执行；灭火剂输送管道耐压试验周期应按《压力管道安全管理与监察规定》执行。

第五节　移动式灭火系统

一、举高消防车

（一）一般保养

（1）车库应保持整洁、干燥，寒冷季节保持室温。

（2）保证消防车车辆有足够的燃油，润滑油，冷却水并定期添加或更换。

（3）保持电器设备正常工作状态，蓄电池电力需充足。

（4）经常检查转向、制动、电路、开关、灯光、警灯、报警器，保持良好状况。

（5）水罐内灌满水。

（6）经常启动发动机，检查发动机、取力器、真空泵，保持良好工作状态。

（7）经常检查泵浦、管路的密封性。

（8）水泵严禁长时间无水高转运转，干摩擦时间≤1min。

（9）经常检查泵齿轮箱、取力器的油位。每季度检查一次轴承箱或增速箱及活塞引水器油位，如低于油面应以补足，并做到每两年换一次油。

（10）经常检查吸水胶管、水带、水枪及各种消防器材，及时发现，及时更新，保持良好的工作状态。

（11）注意：在寒冬季节，泵浦、出水阀、冷却器使用后，开启各放水阀放尽余水。

（12）经常检查各类球阀、蝶阀的密封性能，并适当开启和加入少量油脂，防止卡阻。

（13）消防车使用后应冲洗干净。外表应用清洁质地柔软毛巾布擦干，上车腊打亮，保持光泽。

（14）检查轮胎气压，保持规定要求，改变轮胎着地点。

（15）消防器材、附件，应固定好，保持完整性。

（16）底盘、水泵维护保养详见其使用维护说明书。

（二）定期维护

（1）每月一次对水泵、管路阀门、接头等进行水密封试验。

（2）工作压力为 0.8MPa，用水对泵进行短期操作。

（3）检查各部件、管路、接头等是否有渗漏现象。

（4）检验合格后停车。

（5）打开放余水阀，将泵中水放尽后关闭。

（6）按引水操作进行干真空试验，在几秒之内应达到 85kPa。

（7）关闭发动机，用秒表测真空下降值，在 1min 内真空度降落值不大于 2.6kPa，即为合格。如真空度降低值大于规定说明有泄露存在，可用 0.4 Mpa 静水压对泵系统检查。

（8）每年至少一次对齿轮箱、取力器油箱等进行换油，平时每次操作后检查其油位，若低于要求的油位及时加油，如油色发白应立即换油。

（9）泵盘根处必须有小于 60 滴/min 的泄漏，以保护泵轴和盘根，当泄漏大于 60 滴/min 时，上紧盘根即可。

（10）水罐每年至少进行 2 次检查，检查时必须彻底排干，人入罐内应穿软底鞋。罐内漆层如有锈斑或有损伤应及时修补。罐外支承座螺栓松动应旋紧。

二、水炮消防车

（一）一般保养

（1）车库应保持整洁、干燥，寒冷季节保持室温。

（2）保证消防车车辆有足够的燃油，润滑油，冷却水并定期添加或更换。

（3）保持电器设备正常工作状态，蓄电池电力需充足。

（4）经常检查转向、制动、电路、开关、灯光、警灯、报警器，保持良好状况。

（5）水罐内灌满水。

（6）经常起动发动机运转，检查发动机、取力器、泵浦、引水器，保持良好工作状态。

（7）经常检查泵浦、管路的密封性。

（8）水泵严禁长时间无水高转运转，干摩擦时间≤1min。

（9）经常检查泵齿轮箱、取力器，引液泵油箱的油位。每季度检查一次轴承箱或增速箱及活塞引水器油位，如低于油面应以补足，并做到每两年换一次油。

（10）经常检查吸水胶管、水带、水枪及各种消防器材，及时发现，及时更新，保持良好的工作状态。

（11）在寒冬季节，泵浦、出水阀、冷却器使用后，开启各放水阀放净余水。

（12）经常检查各类球阀、蝶阀的密封性能，并适当开启和加入少量油脂，防止卡阻。

（13）消防车使用后应冲洗干净。外表应用清洁质地柔软毛巾布擦干，上车腊打亮，保持光泽。

（14）检查轮胎气压，保持规定要求，改变轮胎着地点。

（15）底盘、水泵维护保养详见其使用维护说明书。

（16）消防器材、附件，应固定好，保持完整性。

（二）定期维护保养

（1）每月一次用水对泵、管路阀门、接头等进行水密封试验、其操作步骤如下：

a）工作压力为 0.8MPa，用水对泵进行短期操作。

b）检查各部件、管路、接头等是否有渗漏现象。

c）检验合格后停车。

d）打开放余水阀将泵中水放尽后关闭。

e）按引水操作进行干真空试验，在 60s 之内应达到 85kPa。

f）退回手油门关闭发动机，用秒表测真空下降值，在 1 分钟内真空度降落值不大于 2.6 kPa，即为合格。

g）如真空度降低值大于规定说明有泄露存在，可用 0.4 MPa 静水压对泵系统检查。

（2）每年至少一次对齿轮箱、引水泵油箱等进行换油，平时每次操作后检查其油位，若低于要求的油位及时加油。如果油色发白应立即换油。

（3）水罐每年至少 2 次进行检查，检查时必须彻底排干，人入罐内应穿软底鞋。罐内漆层如有锈斑或有损伤应及时修补。罐外支承座螺栓松动应旋紧。

第六节 阀 厅 消 防

一、阀厅消防系统

（一）季度维护

应对阀厅巡视走道灭火器、手动报警按钮等消防设施进行检查，及时处理异常或故障的消防设施或进行更换。

（二）年度维护

（1）应对紫外火焰探测器、极早期烟雾探测器进行试验验证，检查探测装置正常可用。

（2）应验证阀厅火灾跳闸功能正常，探测器布置不存在探测死角。

（3）对极早期烟雾探测器过滤网进行检查、更换。

（4）对紫外火焰探测器、极早期烟雾探测器探头进行逐一检查，对采样点、采样管网进行清洁、清扫。

（5）对阀厅巡视走道灭火器、手动报警按钮等消防设施进行测试，及时处理异常或故障的消防设施或进行更换。

二、阀厅封堵设施

年度维护流程如下：

（1）固定螺栓应牢固，完好。

（2）封堵是否发生明显位移。

（3）应对出现损坏的封堵和抗爆门进行修复。

第七节 应 急 排 油 系 统

一、年度维护

（1）对远方控制屏内空开、指示灯、照明回路、二次电缆封堵进行检查维护，对松动的配件进行紧固，对损坏的配件进行更换；

（2）对远方控制屏除尘、防火罩（柜）密封打胶、电源等附件维护。

（3）检查排油管路及零部件，发现有渗漏时，及时对渗漏点进行处理。

（4）对集油坑进行检查和清理，确保排油通畅。

（5）打开泄漏监测仪放油阀门，检查电动球阀关闭是否良好，有无渗油情况。

二、每三年维护项目

（1）进行至少 1 次排油装置电动球阀检修；

（2）进行至少 3 次电动球阀遥控操作试验；

（3）泄漏监测仪、油流指示器功能试验；

（4）传动试验、逻辑校验；

其中，传动试验操作步骤如下：

a）确认排油系统装置检修阀关闭；

b）按照排油操作步骤，在远方控制屏上控制排油装置进行排油动作；

c）现场观察确认执行器顺利开启并转动至全开位置，触摸屏/指示灯显示状态正常，观察确认变压器油顺利排出管道，泄漏报警仪产生泄漏报警，油流指示计发出动作信号，主控室监控后台出现报警信号；

d）待全开功能无问题后，按照复位操作恢复排油系统装置，现场观察确认执行器顺利关闭并转动至全关位置，将泄漏报警仪内残油放出，泄漏信号消失，主控室监控报警信号消失；

e）对排油管道进行抽真空补油，静置排气。

（5）二次回路绝缘检查，绝缘电阻不应低于 1MΩ。

第八节　消防器材及物资

一、超细干粉灭火装置

（一）月度维护

检查压力指针绿色区域，喷口朝向易发生火灾处，一经开启或发现压力指示器指针指向红色区域时，必须重新再充装。

（二）年度维护

（1）灭火剂贮存装置、灭火剂输送管道和支、吊架的固定无松动；连接管无变形、裂纹及老化；喷头孔口无堵塞；自动感温启动器动作正确，自动感温启动器探头清洁干净，灭火剂无结块现象。

（2）对站内超细干粉灭火装置进行检测试验，确保其可以正常动作。

（3）每次再充装或每五年应对灭火装置容器进行水压试验。水压试验不合格不允许再使用，再充装时所用灭火剂必须是 ABC 超细干粉灭火剂。

二、泡沫灭火剂

年度维护流程如下：

对于贮存的泡沫灭火剂，应定期进行试验，发现失效应及时更换，试验要求应符合下列规定：保质期不大于两年的泡沫灭火剂，应每年进行一次泡沫性能检验；保质期在两年以上的泡沫灭火剂，应每两年进行一次泡沫性能检验。

第九节　消防自动化系统

季度维护流程如下：

（1）应根据换流站消防设施设备的软硬件系统更新情况，对消防集成监控系统中的参数进行重新配置更新。

（2）应根据换流站内应急预案对消防电子预案系统进行更新，对系统中三维可视化预案进行重新配置管理。

（3）应对系统中风险管控模型信息进行维护，在已规划的风险区域内对基础信息进行更新。

（4）应根据换流站设施设备状态监测数据、巡检数据、危险因素，及时对风险管控系统内的关联数据进行更新。

（5）应对消防台账中设备台账模块进行维护，针对消防设施、重点设备、消防水池、消防器材小室、消防车辆、视频监控等基础信息进行更新。

第四章　典型消防设备设施故障处置

第一节　火灾自动报警系统

火灾报警控制系统介绍如下：

（一）火灾报警控制系统动作

（1）现象：

a）火灾报警控制系统报火警；

b）监控系统发火灾报警；

c）警报音响发出报警。

（2）处理原则：

a）根据火灾报警控制系统动作信息查找出对应的火情地点，通过视频监控观察判断，同时派人前往现场确认是否有火情发生。

b）若确认有火情发生，立即通知本站消防驻站人员，根据情况采取灭火措施，必要时，拨打 119 报警。

c）若确认对应部位无火情存在，且按下"复位"键后不再报警，可判断为误报警，加强对火灾报警装置的巡视检查；若按下"复位"键，仍多次重复报警，可判断为报警回路或装置故障，可将其屏蔽，及时联系检修人员处理。

d）若不能及时排除故障，应联系专业人员处理。

（二）火灾报警控制系统故障

（1）现象：

a）火灾报警控制系统故障信号发出；

b）警报音响发出报警。

（2）处理原则：

a）火灾报警控制系统动作时，立即派人前往现场检查确认故障信息。

b）当报主电故障时，应确认是否发生主供电源停电，检查主电源的接线、熔断器是否发生断路，备用电源是否已切换。

c）当报备电故障时，应检查备用电池的连接接线；当备用电池连续工作时间超过 8 小时后，也可能因电压过低而报备电故障。

d）若系统装置发生异常声音、光指示、气味等情况时，应立即关闭电源，联系检修人员处理。

（三）火灾自动报警系统控制电源异常处理

（1）现象：火灾自动报警系统发控制电源报警信号。

（2）处理原则：

a）检查控制电源空气开关是否跳闸，电源回路是否短路，备用电源是否正常投入；

b）排除故障后，恢复正常运行；

c）若无法排除故障，则联系检修人员处理。

（四）极早期烟感探测器故障报警

（1）现象：极早期烟感探测器故障报警，相应报警灯闪烁，"正常"灯灭，伴随音响。

（2）处理原则：

a）检查报警系统运行情况有无异常；

b）若装置内部有焦糊味等异常情况，应断开装置电源小开关；

c）若存在极早期误报火警的风险，则应进行故障隔离处理，待修复完成后投入。

（五）极早期烟感探测器火灾报警

（1）现象：极早期烟感探测器火灾报警，装置上报警灯亮，"正常"灯灭，伴随音响。

（2）处理原则：

a）查看烟雾水平；

b）检查相应的设备运行情况，有无烟雾、火星和焦糊味；

c）若确有火情，按设备着火方案进行处置；

d）若未发现火情，则应及时查明原因，按照站内规程对探测器进行复位操作；

e）需断电复位的，待探测器动作或故障信号复位后再进行投入，并密切监视设备的运行情况。若为阀厅极早期烟感探测器，需将阀厅火灾跳闸功能暂时退出。

第二节 消防给水系统

一、泵故障

（一）稳压泵频繁启动

（1）现象：

a）消防给水系统压力下降较快；

b）消防稳压泵频繁启动。

（2）处理原则：

a）检查稳压泵有无异常，若有异常，退出故障的稳压泵，通知检修人员处理；

b）检查站内所有消火栓、雨淋阀、消防管网有无漏水现象；

c）若发现漏水点，经消防责任人同意关闭对应的阀门将漏水点隔离，通知检修人员处理，并应尽量保证管网隔离后的消防泵与稳压泵在自动状态；

d）若现场检查未发现漏水点，应通知检修人员做进一步的检测，同时应加强对稳压泵和消防管网的压力监视；

e）消防给水系统压力下降过快，且站内未出现火灾情况，需将消防泵切至手动状态，通知检修人员处理。

（二）电动消防泵无故启动

（1）现象：监控报警系统显示电动消防泵启动信息。

（2）处理原则：

a）检查火灾报警后台是否运行正常；

b）检查是否有消防用水情况；

c）查看泵房内管网压力是否正常，消防稳压泵是否可用，表计是否正常；

d）若核实为消防泵误启动，则立即停用该消防泵，记录缺陷联系检修人员检查误启动原因并处理。

（三）稳压泵、消防泵故障

（1）现象：火灾自动报警系统显示稳压泵、消防泵故障报警。

（2）处理原则：

a）检查火灾监控盘上有无其他信号；

b）现场检查稳压泵、电动消防泵有无异常，备用泵正常；

c）断开故障泵的电源开关；

d）若是控制柜内故障，则做好断电隔离措施；若是本体故障，则关闭故障泵两侧进出水阀门；

e）联系检修人员处理。

二、其他故障

（一）消防泵房内设备漏水

（1）现象：

a）泵房内有积水；

b）监控、报警系统显示排污泵或消防管网稳压泵频繁启动。

（2）处理原则：

a）检查泵房管道、设备是否存在渗漏情况；

b）现场检查管网压力及稳压泵是否正常启动；

c）若现场出现渗漏，先将消防泵及稳压泵打至手动停止，再将渗漏点进行隔离，按照应急预案进行排水工作；

d）记录缺陷并联系检修人员检查原因并处理。

（二）消防水池缺水

（1）现象：

a）监控后台显示消防水池液位低；

b）现场消防水池磁翻板液位低。

（2）处理原则：

a）现场检查综合水泵房液位显示器或消防泵房内消防水池液位显示器或磁翻板液位是否显示正常；

b）若现场实际液位低报警属实，检查市政补水或深井泵等补水系统是否故障，若故障应联系专业人员处理；

c）若为液位传感器（浮球阀）故障，则记录缺陷并联系检修人员检查原因并处理。

第三节　固 定 灭 火 系 统

一、水喷雾灭火系统

（一）雨淋阀漏水

（1）现象：自动雨淋阀滴水阀或警铃回路泄水管不断有水溢出。

（2）处理原则：

a）检查雨淋阀隔膜腔，若发现阀瓣老化或有异物卡涩，进行清洁；

b）若发现密封面损伤，则更换膜瓣。

（二）复位装置不能复位

（1）现象：对雨淋阀隔膜进行复位操作后，出现密闭不严的情况。

（2）处理原则：

a）对雨淋阀复位装置进行检查；

b）若有细小杂质进入复位装置密封面，拆下复位装置，用清水冲洗干净后重新安装，并调试到位；

c）若未发现细小杂质进入复位装置密封面，应对该雨淋阀进行隔离，联系专业人员处理。

（三）雨淋阀动作时水力警铃无警报声

（1）现象：雨淋阀动作后水力警铃没有报警声发出。

（2）处理原则：

a）检查若发现杂质堵塞了报警管道上过滤器的滤网，应拆下过滤器，用清水将滤网冲洗干净；

b）检查若发现水力警铃进水口处喷嘴被堵塞，应对杂物卡阻、堵塞的部件进行冲洗。

（四）雨淋报警阀无法进入伺应状态

（1）现象：雨淋阀报警阀在建压后压力升高缓慢，无法迅速建压。

（2）处理原则：

a）检查复位装置是否存在问题，若发现隔膜式控制阀或复位球阀关闭，应立即开启；

b）若杂质堵塞了隔膜室管道上的过滤器；将给水控制阀关闭，拆下过滤器的滤网，用清水冲洗干净后，重新安装到位。

二、泡沫喷雾灭火系统

（一）泡沫喷雾灭火系统误启动

（1）现象：消防控制室内消防控制主机屏显示泡沫喷雾灭火系统启动信息，并发出蜂鸣声。

（2）处理原则：

a）若核实泡沫喷雾灭火系统为误启动，第一时间在火灾报警后台紧急停止；

b）若无法在后台停止泡沫喷雾灭火系统，则迅速到达现场将泡沫喷雾灭火系统控制方式打至手动停止状态。若无法关闭至变压器分区阀门，则将阀门打至手动后，使用机械工具将管路上截止阀关闭。

（二）泡沫喷雾灭火系统氮气瓶压力下降

（1）现象：氮气瓶压力降低。

（2）处理原则：

a）现场进入泡沫消防间内，使用扳手打开瓶体至压力表的检查阀，核实泡沫喷雾灭火系统氮气瓶压力是否降低；

b）若泡沫喷雾灭火系统氮气瓶压力未降低，更换表计；

c）若泡沫喷雾灭火系统氮气瓶压力确实降低，则更换气瓶。

（三）泡沫喷雾灭火系统启动瓶动作后动力瓶组不能正常启动

（1）现象：启动瓶动作后动力瓶组不能正常启动。

（2）处理原则：

a）重新启动启动瓶或手动按下应急启动按钮；

b）若启动瓶正常启动后，部分动力瓶组未正常启动，应立即手动按下动力瓶组瓶头阀门使动力瓶组正常启动。

（四）泡沫喷雾灭火系统启动后分区阀不能正常开启

（1）现象：泡沫喷雾灭火系统启动后分区阀不能正常开启。

（2）处理原则：

a）先后台手动开启对应分区电磁阀；

b）若电磁阀无法电动开启，立即用专用把手现场手动开启对应分区电磁阀；

c）查看分区阀供电是否正常，空开是否在合上位置；

d）如果分区阀电源正常，则联系专业人员处理。

三、泡沫消防炮灭火系统

（一）泡沫消防炮泡沫罐液位无故下降

（1）现象：现场巡检发现泡沫罐液位降低。

（2）处理原则：

a）现场检查磁翻板液位计或其他液位显示装置是否正常工作；

b）若液位计功能正常，泡沫罐液位下降事实，则检查现场泡沫罐出液电动阀门是否关紧，是否有未关到位情况；

c）对每个消防炮管网逐个排查，打开放空阀检查是否有泡沫液流出；

d）若出液电动阀门未关到位，导致泡沫罐泡沫液流出，则将泡沫罐出液机械阀手动关闭；

e）更换阀门时，影响消防系统正常使用，应进行风险评估，编制检修方案或标准作业卡再进行作业，并通知驻站消防在相应阀组进行值守；

f）处理完成后，对泡沫罐补充泡沫液。

（二）泡沫消防炮炮头不能动作

（1）现象：主控室琴台无法控制消防炮炮头。

（2）处理原则：

a）检查消防炮电源输入是否正常；

b）检查远程光纤和网络通信是否正常；

c）检查遥控器和电控器的网络通信是否正常；

d）检查消防炮是否已到极限位置；

e）若此泡沫消防炮炮头卡涩或电机异常，断开故障泡沫消防炮电源后检修，条件不具备的，待停电期间进行处理；

f）若无法排除故障，则联系专业人员处理。

（三）泡沫消防炮通讯中断

（1）现象：

a）消防炮控制琴台报出某台消防炮通讯中断；

b）消防炮防爆摄像头无画面显示。

（2）处理原则：

a）检查远程控制的 CAN 通讯是否正常；

b）检查琴台与就地控制箱光纤盒指示灯是否正常；

c）检查通讯装置供电是否正常；

d）若光纤故障，将检查情况汇报值长，通知检修人员进行处理；

e）若预留备用光纤，将故障光纤进行更换；

f）更换完成后，在琴台将此消防炮炮头旋转功能测试 1 次；

g）若不能及时排除故障，应联系专业人员处理。

四、压缩空气泡沫消防炮灭火系统

（一）压缩空气发生装置控制柜电源跳开

（1）现象：压缩空气发生装置出现电源跳闸报警信号，现场检查控制柜上电源开关跳开。

（2）处理原则：

a）在检查设备无异常后试投 1 次，若试投不成功则检查对应回路有无接地或短路等异常，查明原因前不再试投；

b）若回路无接地或短路，则对开关脱扣机构进行检查，必要时更换该开关；

c）若系统在投运过程中发生开关跳闸，检查对应负载的相关设备有无发热、冒烟等迹象，如无异常可试投 1 次。如仍发生跳闸，测量负载的绝缘和电阻，判断有无接地和短路，必要时联系专业人员处理。

（二）压缩空气发生装置空气压缩机油面下降

（1）现象：空压机运转工作后，油位下降快，排出的压缩空气含油量大。

（2）处理原则：当油分离器及油过滤器进出压力差过大，控制器屏幕显示报警，压缩机仍可运转，但应及时更换新的油分离器及油过滤器部件，以免引起机器缺油造成压缩机损坏。

（三）空气压缩机过热

（1）现象：空压机运转工作后，出口温度过高，超过报警值。

（2）处理原则：

a）检查热交换器是否脏污，若脏污应进行清洗；

b）检查压缩机是否缺油导致活塞和缸体润滑不良，对故障部件进行维修或更换；

c）检查气动系统有无泄漏导致无法建压，对故障部件进行维修或更换。

（四）空气压缩机建压过程慢

（1）现象：空压机压力表指示无法到达额定值，建压时间比正常时间长。

（2）处理原则：

a）检查油水分离器、空气滤清器有无脏污堵塞，进行清理；

b）检查空压机排气阀是否漏气，对阀体内部进行检查，必要时进行更换；

c）检查空压机缸盖螺栓是否松动导致漏气，进行紧固，必要时更换密封衬垫。

（五）压缩空气泡沫消防炮炮头无法转向

（1）现象：对消防炮炮头进行操作测试时，无法动作。

（2）处理原则：

a）控制盒没有输出电压，检查控制箱内的保险丝是否烧断；

b）按开/关按钮后，电机有振动声但没有运转，可能是启动电容坏，应予以更换；

c）对电机绕组进行电阻和绝缘测试，判断转向电机是否损坏，必要时更换电机。

五、气体灭火系统

（一）气瓶压力示值低/高

（1）现象：

a）气瓶压力示值低于绿线区；

b）气瓶压力示值高出绿线区。

（2）处理原则：

a）由专业人员放空气瓶，更换压力表，重新充装灭火剂；

b）由专业人员检查并排除泄漏，及时补充启动气体；

c）降低环境温度。

（二）电气自动启动瓶启动故障

（1）现象：电气自动无法正常打开启动气瓶。

（2）处理原则：

a）将故障气体消防系统控制方式切换至"手动"；

b）检查启动气瓶的控制回路；

c）若发现无开阀电信号或信号太弱，应对检修报警灭火控制器进行检查；

d）若发现联接线路断路，应对联接线路进行检修；

e）若启动气瓶的控制回路未发现异常应检查气瓶电磁瓶头阀；

f）若启动气瓶电磁瓶头阀故障，应先放空气瓶，更换启动气瓶或电磁瓶头阀。

第四节 阀 厅 消 防

阀厅消防系统介绍如下：

（一）阀厅火消防系统发火灾报警信号

（1）现象：

a）阀厅消防系统发火灾报警信号；

b）警报音响发出报警。

（2）处理原则：

a）根据后台报警信号确认火情发生位置；

b）通过工业视频查看阀厅是否发生火情，确认若有火情后，应紧急停运相应极（阀组）；

c）若未发现火情，现场检查报警区域有无烟雾、火星或焦糊味，同时密切监视该区域运行情况，对发出报警信号的探测器（极早期烟雾探测器、紫外火焰探测器）进行手动复归，若手动不能复归联系检修人员处理，必要时联系专业人员处理。

（二）阀厅消防系统发跳闸信号

（1）现象：

a）阀厅消防系统发跳闸信号；

b）警报音响发出。

（2）处理原则：

a）确认火情，复归报警音响。

b）检查相应阀组闭锁及负荷转移情况，若运行极发生过负荷，应立即将该极输送功率控制到当前电压水平下最大允许功率，汇报值班调控人员及上级管理部门。

c）若阀厅出现火灾报警时，运行人员应立即通过工业视频观察报警阀厅内设备情况，如确实发生火灾，应紧急切断电源，由值班负责人组织进行灭火。配置阀厅消防机器人的换流站应派消防机器人进入阀厅灭火；未配置阀厅消防机器人的换流站在确保人身安全的情况下，进入阀厅参与灭火的人员应穿防火服、佩戴防毒面具或正压式空气呼吸器；预判火情存在扩大风险时，应拨打119报警，请求消防部门协助灭火。

d）检查确认空调通风系统已停运、防火阀已关闭，并紧急停运阀冷系统。

e）火灾扑灭且确认不会复燃后，应开启排烟系统进行排烟。

f）若现场信号误动，导致阀厅火灾报警信号出口跳闸，现场检查确认设备无异常后，应及时恢复相关阀组送电。

（三）阀厅紫外火焰探测器故障报警

（1）现象：电源指示灯不亮、探测器上电后报火警、探测器上电后测试报火警、探测器上电后报故障。

（2）处理原则：

a）检查电源是否正常、接线是否正确、模块是否正常；

b）将该探测器进行复位、隔离。

（四）阀厅紫外火焰探测器火灾报警

（1）现象：阀厅紫外火焰探测器火灾报警，报警灯亮。

（2）处理原则：

a）检查阀厅有无火情，若有则按阀厅设备着火处理；

b）若未发现火情，则应及时查明原因，按照站内规程对探测器进行复位操作；

c）需断电复位的，应根据站内规程将阀厅火灾跳闸功能暂时退出，待探测器动作或故障信号复位后再进行投入，并密切监视设备的运行情况。

第五节 典型防火设施

一、阀厅封堵设施

（一）换流变阀侧封堵发热

（1）现象：

a）换流变阀侧套管或阀厅套管封堵部位红外测温异常；

b）阀厅红外监视温度高报警。

（2）处理原则：

a）若红外测温异常，应采取相应措施确定测温正确性后，汇报相关消防责任人并加强监视；

b）若红外测温偏高或监视温度持续升高，应加强监视并按照现场规程进行处理；

c）若换流变阀侧套管封堵部位出现冒烟等异常可见现象，采取间接方式确认后，汇报上级管理部门，立即启动消防应急处理预案，并按照现场规程进行处理。

（二）换流变阀厅封堵接地线脱落

（1）现象：换流变阀厅封堵接地线脱落。

（2）处理原则：

a）对接地线脱落阀厅封堵位置进行红外测温，若红外测温未发现异常，应加强监视；

b）若红外测温异常，应加强监视，若温度持续升高并危及换流变正常运行，应立即按照现场规程进行处理。

二、抗爆门

抗爆门异常发热

（1）现象：红外测温发现抗爆门异常发热。

（2）处理原则：

a）现场检查抗爆门接地是否完好；

b）若为接地线脱落，则对接地线进行紧固处理；并再次进行红外测温，若温度恢复正常，则进行进一步观察；

c）若接地线良好，则对发热处进行跟踪测温，加快测温频次；如温度持续上升，应加强监视并按照现场规程进行处理。

第六节　应急排油系统

应急排油灭火系统介绍如下：

（一）消防控制单元报警

（1）现象：逻辑控制器、继电器故障报警。

（2）处理原则：

a）退出装置功能；

b）更换故障元器件；

c）进行功能测试正常后投入装置功能。

（二）排油阀漏油

（1）现象：排油阀漏油。

（2）处理原则：

a）退出装置功能；

b）隔离故障排油阀并进行检查；

c）若发现排油阀或密封圈损坏导致漏油，应更换故障阀门或密封圈。

第七节　器材及物资

干粉灭火装置误动作介绍如下：

（1）现象：

a）现场发现大量细微粉尘；

b）干粉灭火球感温玻璃球碎裂、或感温电缆（导火索）已经动作；

c）电反馈信号显示换流变干粉灭火装置已经动作。

（2）处理原则：

a）现场及工业视频检查超细干粉是否已经误动作；

b）停电后立即进行处理。

第八节 消防自动化系统

一、消防自动化系统报火警

（1）现象：消防自动化系统界面出现火灾报警。

（2）处理原则：

a）立即通过工业视频、现场检查、后台信号等确认火情；

b）若核实为真实火情，启动相应设备火灾应急预案，启用消防电子预案系统，并组织进行灭火；

c）若核实为误报警，及时开展消防自动化系统故障检查处理。

二、消防自动化系统检测设施设备信号异常

（1）现象：消防自动化系统界面出现异常报警。

（2）处理原则：

a）运维人员立即到现场查看异常原因，确认故障类型；

b）若为信号误报，现场运维人员消除误报，同时检查信号是否恢复正常；

c）若确认故障，根据信号源设备对应系统操作规范进行异常处理，处理完成后，在消防自动报警系统上检查信号是否恢复正常。

三、消防自动化系统软件异常

（1）现象：消防自动化系统界面无法正常打开。

（2）处理原则：

a）检查使用的浏览器是否为指定兼容浏览器；

b）检查网络配置是否正常；

c）若访问出现空白页，尝试更新浏览器版本、清除浏览器缓存；

d）若三维模型卡顿，检查客户端配置是否满足要求。

第五章　换流站消防设备设施案例分析

第一节　火灾报警系统

火灾探测器设置不合理：××换流站部分感烟型火灾探测器安装位置不合理，距离墙壁等障碍物过近，距离空调、风机送风口小于 1.5m，易造成火灾报警不及时，感烟火灾探测器功能失效。

图 2-5-1　火灾探测器设置位置不合理

《火灾自动报警系统设计规范》（GB 50116—2013）第 6.2.5 条规定"点型探测器至墙壁、梁边的水平距离，不应小于 0.5m"，第 6.2.6 条规定"点型探测器周围 0.5m 内，不应有遮挡物"，第 6.2.8 条规定"点型探测器至空调送风口边的水平距离不应小于 1.5m，并宜接近回风口安装。探测器至多孔送风顶棚孔口的水平距离不应小于 0.5m"。要求对上述火灾探测器位置进行调整，满足上述规范。

第二节 消 防 给 水 系 统

消防管网存在漏点导致稳压泵频繁打压：运行人员后台监盘发现原水消防系统 1 号稳压泵启动，运行 2min 左右后停止运行。19 点 21 分 1 号稳压泵再次运行约 2min 左右后停止运行。2 次启动间间隔为 20min 左右。如图 2-5-2 所示。

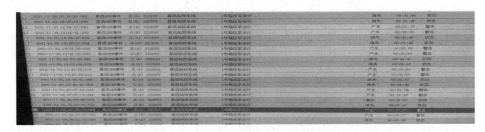

图 2-5-2 后台显示稳压泵启动情况

现场立即对稳压泵电气回路以及管网压力表计进行检查，未见异常。同时将稳压泵和消防泵切至手动，观察管网压力 1h 内，从 0.5MPa 下降到 0.2MPa。说明稳压泵不存在误启动的情况，消防管网中确实存在泄露点，后恢复稳压泵和消防泵自动状态，将管网压力恢复至 0.5MPa，稳压泵继续每隔 20min 打压一次。安排人员对全站原水消防系统地上地下（除无法直接观察的地埋消防管道）设施设备进行检查，未见渗漏点。

对照地下消防管路布置图进行查找，同时分析可能的出水口。在综合水泵房附近的电缆沟内部，发现积水和从电缆沟底部裂缝涌动的出水点。

图 2-5-3 打开电缆沟盖板发现积水

停运消防供水系统，对渗漏点进行修复后恢复正常。

第三节　固定式灭火系统

水喷雾雨淋阀动作导致调相机跳闸：2021年3月25日13时16分53秒，×××换流站1号消防泵启动，运行人员检查后台无火灾报警信号，于2021年3月25日13时17分41秒将1号消防泵关闭。

图2-5-4　后台报文

通知运维人员赴现场检查，13时30分44秒，运维人员到达现场发现1号调相机润滑油消防系统动作，正在喷水，立即将雨淋阀上下阀门手动关闭，消防系统停止喷水（通过工业视频发现1号调相机润滑油消防喷淋系统于13时18分8秒开始喷水），其间调相机于13时30分41秒跳机，如图2-5-5所示。

图2-5-5　13时18分8秒有水滴（开始喷水时间）（视频时间比cows后台事件晚3秒，视频时间为13时18分11秒）

图 2-5-6　13 时 30 分 44 秒 结束喷水时间（视频时间比 cows 后台事件晚 3 秒，视频时间为 13 时 30 分 47 秒）

　　×××换流站调相机润滑油系统消防采用的隔膜式雨淋阀自动喷水系统。隔膜式雨淋阀组采用隔膜将主阀分为进水腔和控制腔，利用两腔面积差产生的水压力差实现主阀密封。控制腔与进水腔之间通过压差活塞式防复位器及铜管连接［控制腔入口处未独立设置止回阀，该型式雨淋阀压差活塞式防复位器起到部分止回阀作用，依据《自动喷水灭火系统设计规范》（GB 50084—2017）第 6.2.5 条要求"雨淋报警阀组的电磁阀，其入口应设过滤器。并联设置雨淋报警阀组的雨淋系统，其雨淋报警阀控制腔的入口应设止回阀"］。雨淋阀控制腔内水压的高低控制着雨淋阀的启闭，当控制腔内的水压等于供水压力时，隔膜关闭，水不能进入管网系统。当电磁阀开启或手动快开阀打开后，控制腔内的水压下降到一定值时，控制腔被供水压力顶开，水流进入出水腔系统侧管网灭火。

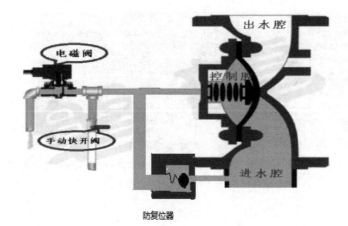

图 2-5-7　隔膜雨淋阀剖面结构原理示意图

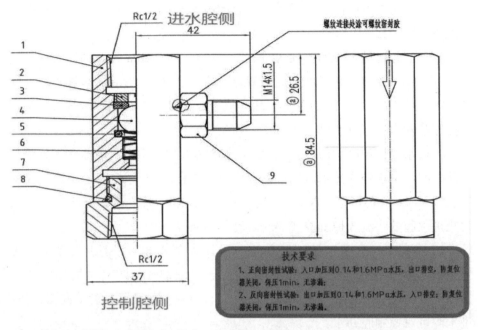

1.阀体 2.螺母 3.密封垫 4.钢球 5.○形圈 6.弹簧 7.出水接头 8.○形圈 9.接头

图2-5-8 防复位器结构图

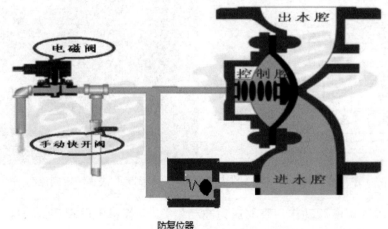

图2-5-9 隔膜雨淋阀剖面结构原理示意图

压差活塞式防复位器原理：压差活塞式防复位器安装于雨淋阀控制腔和进水腔之间，在进水腔与控制腔两端压强差的作用下分别压紧进水腔侧密封垫（起到单向止回作用），压紧控制腔侧 O 型圈（起到防复位作用）。

根据厂家提供的防复位器资料,该型式雨淋阀适用于供水压力波动不大于0.2MPa 的环境。

当控制腔比进水腔的压强大时,压差在 0～0.14MPa 时,钢球在密封垫与 O 形圈之间,控制腔内的水可通过钢球与密封垫和 O 形圈之间缝隙流入进水腔(图 2-5-10 绿色箭头通路),压强大于 0.14MPa 时,钢球压紧密封垫,防止控制腔的水流入进水腔(实现止回阀功能)。

当进水腔比控制腔的压强大时,压差在 0-0.14MPa 时,钢球在密封垫与 O 形圈之间,进水腔内的水可通过钢球与密封垫和 O 形圈之间缝隙流入控制腔(图 2-5-10 红色箭头通路),压强差大于 0.14MPa 时,钢球压紧密 O 形圈,防止进水腔的水流入控制腔(实现防复位功能)。

正常运行工况下,控制腔与进水腔压力基本相等,两腔压强在 (0～0.14MP) 间轻微波动,控制腔与进水腔通过细铜管与防复位器相联通(图 2-5-10 红色、绿色箭头方向联通),防复位器对控制腔不具备单向截止作用,进水腔可对控制腔补水。

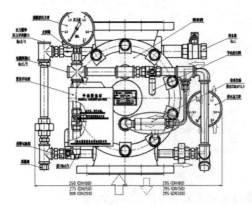

图 2-5-10　压力差在 0.14MPa 以内时水流可在控制腔与进水腔定向流动

经分析本次雨淋阀动作与管网压力波动相关。调相机雨淋阀和综合楼消防水属于同一管网,雨淋阀异常动作前管网出现大量漏水,导致管网压力下降,压力低至 0.35MPa 时,消防泵启动,管网压力达到 0.9MPa 左右,进水腔压力骤增(超出该型雨淋阀正常运行条件),当进水腔压力高于控制腔 0.14MPa 时,防复位器动作堵死控制腔进水通道,造成控制腔压力无法随进水腔进一步提高。致使进水腔与控制腔压差不断增大,直致雨淋阀异常动作喷水。

120

图 2-5-11 综合楼室内消防管道断裂

1号调相机跳机原因为：一是消防系统水管因为个别消防管道施工、安装工艺不良断裂，导致管网压力骤降，消防泵启动，造成管网压力波动；二是雨淋阀采用压差活塞式防复位器作为止回阀，无法适应压力波动较大的运行环境（产品说明书标明雨淋阀适用于供水压力波动不宜大于 0.2MPa 环境），雨淋阀误动作；三是调相机润滑油系统压力开关采用上进线方式，消防水沿波纹管浸入接线盒，供油母管压力低事故节点进水导通，导致调相机跳机。

第四节 阀厅消防系统

阀厅顶部照明灯故障产生火花导致紫外探测器动作：2022 年 3 月 24 日，××换流站后台报极 2 高端阀厅紫外探测器 6 号、7 号、8 号、10 号动作，回看录像及停电检查，发现阀厅顶部照明灯故障产生火花，导致紫外探测器动作。

现场立即检查确认，为防止事态进一步恶化，现场向国调申请停运极 2 高端阀组。阀组转检修之后，现场对阀厅内部进行了检查，在 Y/YC 相阀塔附近地面发现有熔融物。进一步检查紫外探测器动作时刻的录像回放，发现阀厅顶部有爆闪，伴随有火花掉落，如图 2-5-12 所示。检修人员进入阀厅后使用阀厅平台车进行登高检查，确认火花产生原因为阀厅顶部高压钠灯损坏，高压钠灯灯座有烧穿痕迹，灯管管芯熔断，故障时间与紫外探测器动作时间吻合。

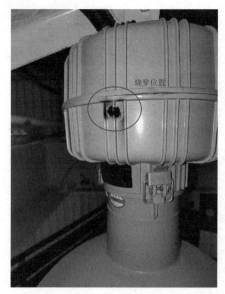

图 2-5-12　阀厅顶部照明灯故障

现场拆除了故障的照明灯，防止有异物掉落。同时对阀厅内全部 6 座阀塔进行了检查，未发现有异常，确认熔融异物无掉落内部。对距离熔融物掉落最近的 Y/Y C 相阀塔进行了相关试验，试验结果正常。极 2 高端阀组重新投入运行。

第五节　应急排油系统

换流变油枕误排油：2021 年 9 月 5 日，××换流站收到下发的极 2 高端非电量保护装置整定单，相关人员对双极高端换流变非电量保护动作矩阵进行了整定升级，同步覆盖了低端换流变非电量保护动作矩阵。9 月 6 日，为验证升级后的非电量保护动作矩阵的正确性，检修人员会同送变电施工人员，开展高、低端换流变非电量保护校验工作，作业人员在非电量接口屏后短接端子，模拟重瓦斯动作信号，对极 2 低端 6 台换流变非电量开展逻辑验证。随后，后台监控报"极 2 低端 Y/Y 换流变 A 相本体轻瓦斯跳闸""极 2 低端 Y/Y 换流变 A 相本体重瓦斯跳闸"等告警信号。现场检查发现，油枕排油装置动作排油。

（一）油枕排油动作原因分析

在自动模式下，换流变进线断路器分位信号（保持 5s 以上）、换流变火灾报警信号、重瓦斯跳闸信号（保持 5s 以上）三个条件同时满足后，油枕排油系统自动启动排油。

9 月 6 日极 2 低端换流变处于冷备用状态，"换流变进线断路器分位信号"条件 1 满足。

16 时 45 分至次日凌晨，极 2 低端油枕排油系统 A 套装置持续收到"极 2 低端变压器 A 套火灾报警"信号，极 2 低端 6 台换流变共用一个火灾报警总信号，"换流变火灾报警信号"条件 2 满足。

17 时 44 分至 17 时 58 分，先后对极 2 低端 6 台换流变重瓦斯动作信号校验，其中 5 台重瓦斯动作信号持续时间超过 5 秒，"换流变本体重瓦斯跳闸信号"条件 3 满足（Y/D 换流变 B 相重瓦斯信号保持不足 5s，不满足条件）。

（二）本体瓦斯保护动作原因分析

9 月 6 日 22 时 39 分，监控后台先后报"极 2 低端 Y/Y 换流变 A 相本体轻瓦斯跳闸""极 2 低端 Y/Y 换流变 A 相本体重瓦斯跳闸"告警信号，分析原因为油枕排油后，随着夜间温度降低导致本体变压器油收缩，在无油枕补油的情况下，瓦斯继电器内油位下降，触发瓦斯保护动作。

（三）火灾报警信号产生原因分析

调阅消防自动化系统告警记录，8 月 1 日至 9 月 6 日，油枕排油控制屏 A 套装置发出"极 2 低端变压器 A 套火灾报警"信号 30 次，但为其提供火灾信号的火灾报警主机并无告警记录。9 月 7 日处置排油异常时，发现油枕排油控制屏 A 套装置的火灾报警信号继电器（KR111）动作，将 KR111 继电器及火灾报警主机屏对应的继电器拆除后信号消失，有关继电器需进行试验验证。

第六章　换流站大型火灾应急处置

第一节　换流变火灾应急处置特征分析

（一）灭火系统的及时响应具有重要作用

根据前期事故分析，由于换流变突发爆燃，出现部分灭火系统未能第一时间启动的情况，且系统再启动耗时较长，不能达到预期的响应时间，增大了后续灭火难度。

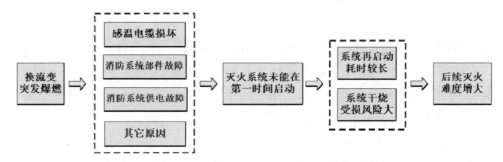

图 2-6-1　灭火系统的及时响应具有重要作用

（二）科学启停应急排油系统可以有效降低火灾扑救难度

特高压换流变油量大、燃烧时间长，火灾发生时正确开启应急排油系统可有效减少可燃物量，减少火灾持续时间和燃烧强度，降低火灾扑救难度。另一方面，正确判断时机关闭应急排油系统，可以快速让灭火介质充满变压器油箱本体，提高换流变明火扑灭后的降温效率。

（三）阀厅及电缆沟的及时保护可以有效防止事故扩大

换流变火灾破坏性强、灭火难度大、影响区域广，应做好防止火灾扩大措施的准备。前期事故中及时开展的阀厅封堵处灭火降温，确保了火灾未在阀厅发生蔓延。同时，换流变事故溢油着火范围最远点距集油池可达 20m，及时进行应急处理，可有效防止火灾延电缆沟进行蔓延。

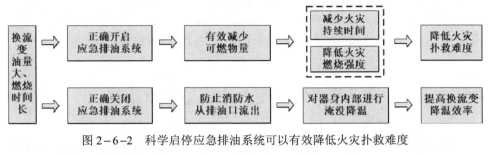

图2-6-2 科学启停应急排油系统可以有效降低火灾扑救难度

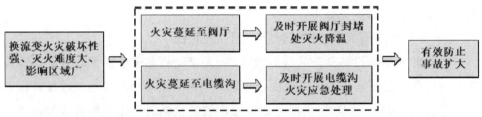

图2-6-3 阀厅及电缆沟的及时保护可以有效防止事故扩大

（四）正确开展持续降温可以有效防止火灾复燃

明火扑灭后，特高压换流变内部仍存在高温物体，极易发生复燃。首先保证站内水量充足，同时保证站内消防设备设施供水正常，合理安排降温策略，实现换流变器身及部件快速降温，减少火灾处置时间，降低消防废液处理难度。

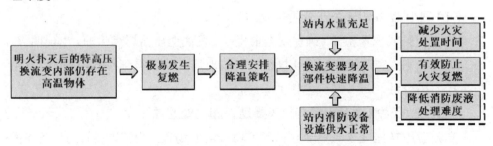

图2-6-4 正确开展持续降温可以有效防止火灾复燃

（五）应急处置过程依赖高效完善的消防指挥体系支撑

换流变火灾形式多样、场景复杂，完善的应急处置流程中应划分好现场指挥层级，确定职责与任务分工，简化现场风险研判，可以有效提升应急处置效率。

图2-6-5 应急处置过程依赖高效完善的消防指挥体系支撑

第二节 换流变火灾应急处置策略

依据近几年换流站火灾事故处置经验，结合换流站现场实际，提出换流变火灾应急处置策略要点如下：

（一）应保障灭火系统快速响应，即"响应快"

吸取前期消防设备故障的经验教训，制定消防设备未正常启动后的处置策略。在应急处置预案中着重考虑固定喷雾（喷淋）系统自动启动失败及远程手动启动失败后的处理方式，同时考虑双套配置的消防设备出现单台故障以及不同类别消防设备故障情况，并做好故障情况下的应急预案的补充完善，做到重要消防设备故障下其他灭火设施的快速介入。

（二）应科学快速转移变压器油，即"转移对"

结合前期火灾事故案例，明确应急排油启动和关闭原则，综合判断应急排油系统启停时机。

启动原则：当同时满足下述条件时，由运维人员按流程启动排油：

（1）变压器各侧开关在分闸位置；

（2）视频或现场检查（确保安全前提下）发现变压器爆燃喷油，出现明火。

关闭原则：启动后达到设计排空时间或现场火势已得到有效控制，得到消防指挥的指令后，可关闭应急排油系统。

（三）应防范阀厅及电缆沟火灾蔓延，即"处理稳"

充分考虑换流变火灾蔓延至阀厅或电缆沟的场景，提前准备针对该场景的应急处置措施。在应急处置预案中考虑火灾蔓延发生的可能性，并针对性制定阀厅及电缆沟火灾处置流程，及时处理火灾蔓延事件，防止发生火灾扩大事故。

（四）应可靠开展灭火降温工作，即"可靠灭"

明确降温阶段开始和结束时机，降低火灾复燃风险，减少火灾处置时间。同时，做好应急保障工作，在应急处置预案中考虑安排专人负责确认保障消防供水正常、应急物资站内外调配以及泡沫液补给等工作。

（五）应确保应急处置科学得当，即"指挥好"

制定换流站典型事故场景下的灭火技战术策略，从适用性、便捷性和可实施性出发，将应急处置流程分为接收告警、确认火情、灭火阶段、降温阶段等四个阶段，明确应处置流程逻辑顺序，精减研判项目，缩短处置流程环节传导链条。

第三节　灭火处置原则

（一）防人身伤害

火灾应急处置阶段，防范爆燃换流变上方汇流母线烧损垮塌、BOX-IN 坠落、套管和支柱绝缘子烧损倾斜倒塌、冷却器烧损垮塌等重大风险。

（二）防事故扩大

火灾应急处置阶段，在阀厅外采取封堵喷淋降温措施，防范火灾蔓延至阀厅。紧急时采取设置围堰、堆注消防沙等措施，防止火灾向广场和电缆沟蔓延。

第四节　换流变火灾应急典型流程

应急处置流程分为接收告警、确认火情、灭火阶段、降温阶段等四个阶段，典型流程如下：

（一）接收告警

监盘发现火灾报警系统火灾告警、换流变本体重瓦斯报警、阀组差动保护S 闭锁、消防管网压力低、消防电动泵运行、换流变感温电缆火警/故障、换流变火焰探测火警等告警。

（二）确认火情

30s 内完成火情确认。通过视频或现场确认换流变火情，向上级及调度汇报，通知驻站消防队，并拨打 119。

（三）灭火阶段

（1）2min 内启动确保喷雾（喷淋）系统。

（2）5min 内启动消防炮系统。

（3）10min 内启动消防车灭火。

及时将影响消防救援的阀组均闭锁，将故障阀组紧急转检修，消防车在安全区就位并接驳灭火。

（4）及时启动应急排油系统。

合上应急排油动力电源空开，根据启动原则判断应急排油系统启动时机。手动启动应急排油系统，根据关闭原则判断排油系统关闭时机。

应急排油系统启动原则当同时满足下述条件时，由运维人员按流程启动排油：1）变压器各侧开关在分闸位置；2）视频或现场检查（确保安全前提下）发现变压器爆燃喷油，出现明火。

应急排油系统关闭原则启动后达到设计排空时间或现场火势已得到有效控制，得到消防指挥的指令后，可关闭应急排油系统。

（5）做好应急保障。

确保消防设备供水、断开换流变交直流电源、做好应急物资站内外调配、做好泡沫液补给准备工作。

（6）及时发现并处理火灾蔓延情况。

若发生电缆沟火灾，停运该电缆沟内相关负荷，指引消防队前往着火电缆沟附近进行电缆沟灭火处置。

若发生阀厅火灾，将故障换流器转检修，佩戴正压式呼吸器指引消防队前往着火阀厅，进行阀厅灭火处置。

（四）降温阶段

器身及所有组件温度降至环境温度后，指挥对换流变降温组织开展换流变广场沙袋隔离，关停喷雾（喷淋），关停消防炮系统，消防机器人及消防车归位，开展废油废水处置。

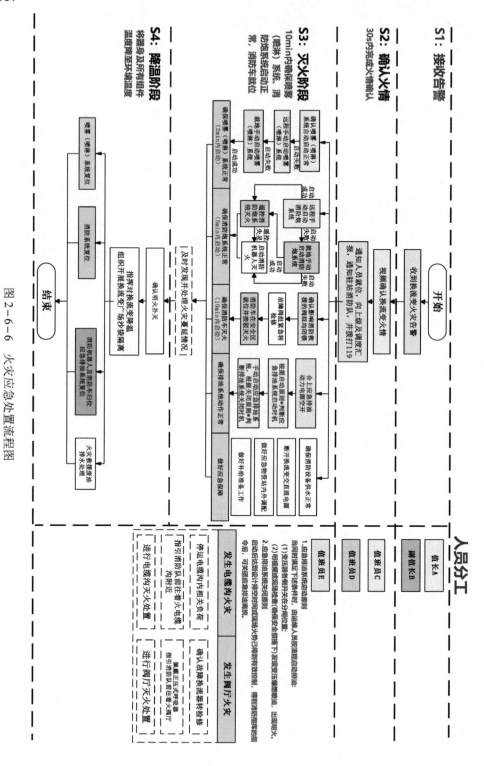

图 2-6-6 火灾应急处置流程图